高等教育工业设计专业系列实验教材

U0287698

家 具 设 计
FURNITURE DESIGN
形态、结构与功能
FORM,STRUCTURE AND FUNCTION

夏颖翀　戚玥尔　徐 乐　主 编

周佳宇　沈瀚文　马艳芳　副主编

中国建筑工业出版社

图书在版编目（CIP）数据

家具设计：形态、结构与功能／夏颖翀等主编 . —北京：
中国建筑工业出版社，2019.5
高等教育工业设计专业系列实验教材
ISBN 978-7-112-23530-8

Ⅰ . ①家…　Ⅱ . ①夏…　Ⅲ . ①家具－设计－高等学校－
教材　Ⅳ . ①TS664.01

中国版本图书馆CIP数据核字（2019）第056840号

责任编辑：贺　伟　吴　绫　唐　旭　李东禧
书籍设计：钱　哲
责任校对：王宇枢

本书附赠配套课件，如有需求，请发送邮件至1922387241@qq.com获取，并注明所要文件的书名。

高等教育工业设计专业系列实验教材

家具设计 形态、结构与功能
夏颖翀　戚玥尔　徐　乐　主　编
周佳宇　沈瀚文　马艳芳　副主编
＊
中国建筑工业出版社出版、发行（北京海淀三里河路9号）
各地新华书店、建筑书店经销
北京锋尚制版有限公司制版
北京富诚彩色印刷有限公司印刷
＊
开本：850×1168毫米　1/16　印张：8½　字数：190千字
2019年6月第一版　　2019年6月第一次印刷
定价：56.00元（赠课件）
ISBN 978-7-112-23530-8
　　　（33825）

"高等教育工业设计专业系列实验教材"编委会

总 序
FOREWORD

　　仅仅为了需求的话，也许目前的消费品与住房设计基本满足人的生活所需，为什么我们还在不断地追求设计创新呢？

　　有人这样评述古希腊的哲人：他们生来是一群把探索自然与人类社会奥秘、追求宇宙真理作为终身使命的人，他们的存在是为了挑战人类思维的极限。因此，他们是一群自寻烦恼的人，如果把实现普世生活作为理想目标的话，也许只需动用他们少量的智力。那么，他们是些什么人？这么做的目的是为了什么？回答这样的问题，需要宏大的篇幅才能表述清楚。从能理解的角度看，人类知识的获得与积累，都是从好奇心开始的。知识可分为实用与非实用知识，已知的和未知的知识，探索宇宙自然、社会奥秘与运行规律的知识，称之为与真理相关的知识。

　　我们曾经对科学的理解并不全面。有句口号是"中学为体，西学为用"，这是显而易见的实用主义观点。只关注看得见的科学，忽略看不见的科学。对科学采取实用主义的态度，是我们常常容易犯的错误。科学包括三个方面：一是自然科学，其研究对象是自然和人类本身，认识和积累知识；二是人文科学，其研究对象是人的精神，探索人生智慧；三是技术科学，研究对象是生产物质财富，满足人的生活需求。三个方面互为依存、不可分割。而设计学科正处于三大科学的交汇点上，融合自然科学、人文科学和技术科学，为人类创造丰富的物质财富和新的生活方式，有学者称之为人类未来"不被毁灭的第三种智慧"。

　　当设计被赋予越来越重要的地位时，设计概念不断地被重新定义，学科的边界在哪里？而设计教育的重要环节——基础教学面临着"教什么"和"怎么教"的问题。目前的基础课定位为：①为专业设计作准备；②专业技能的传授，如手绘、建模能力；③把设计与造型能力等同起来，将设计基础简化为"三大构成"。国内市场上的设计基础课教材仅限于这些内容，对基础教学，我们需要投入更多的热情和精力去研究。难点在哪里？

　　王受之教授曾坦言："时至今日，从事现代设计史和设计理论研究的专业人员，还是凤毛麟角，不少国家至今还没有这方面的专业人员。从原因上看，道理很简单，设计是一门实用性极强的学科，它的目标是市场，而不是研究所或书斋，设计现象的复杂性就在于它既是文化现象同时又是商业现象，很少有其他的活动会兼有这两个看上去对立的背景之双重影响。"这段话道出了设计学科的某些特性。设计活动的本质属性在于它的实践性，要从文化的角度去研究它，同时又要从商业发展的角度去看待它，它多变但缺乏恒常的特性，给欲对设计学科进行深入的学理研究带来困难。如果换个角度思考也许会有帮助，正是因为设计活动具有鲜明的实践特性，才不能归纳到以理性分析见长的纯理论研究领域。实践、直觉、经验并非低人一等，理性、逻辑也并非高人一等。结合设计实践讨论理论问题和设计教育问题，对建设设计学科有实质性好处。

对此，本套教材强调基础教学的"实践性"、"实验性"和"通识性"。每本教材的整体布局统一为三大板块。第一部分：课程导论，包含课程的基本概念、发展沿革、设计原则和评价标准；第二部分：设计课题与实验，以3~5个单元，十余个设计课题为引导，将设计原理和学生的设计思维在课堂上融会贯通，课题的实验性在于让学生有试错容错的空间，不会被书本理论和老师的喜好所限制；第三部分：课程资源导航，为课题设计提供延展性的阅读指引，拓宽设计视野。

本套教材涵盖工业设计、产品设计、多媒体艺术等相关专业，涉及相关专业所需的共同"基础"。教材参编人员是来自浙江省、江苏省十余所设计院校的一线教师，他们长期从事专业教学，尤其在教学改革上有所思考、勇于实践。在此，我们对这些富有情怀的大学老师表示敬意和感谢！此外，还要感谢中国建筑工业出版社在整个教材的策划、出版过程中尽心尽职的指导。

叶丹　教授
2018 年春节

前 言
PREFACE

　　家具是人类生活和工作中朝夕相处的重要用品，是现代人生活中不可或缺的部分。它的设计伴随着人类的进步和成长逐渐演进，在设计领域中占有独特的地位。

　　本书撰写的目的是为了高等学校师生、青年家具设计师、家具设计爱好者等的学习和交流使用。为了完成此书，经过了多位年轻教师的共同努力。在撰写过程中得到了浙江农林大学的潘荣教授、浙江电子科技大学的叶丹教授、中国美术学院的雷达教授等众多专家学者的大力协助。

　　本书梳理了家具设计的功能、造型、材料、结构等内容，对家具设计的基本原理与方法做了介绍。特别是在家具设计与实验部分里，以案例的形式对椅子的设计做了阐述。由于人对坐具的使用频率很高，使得坐具的设计在家具设计中显得尤为重要，在书中，作者通过"为了坐而设计"、"来自自然的形态"、"创造美的结构"等部分，以多位青年设计师的获奖家具设计作品为例，从创意、调研、方案、模型、工艺等环节做了较为详细的介绍。同时，又通过案例对儿童和老年人这类特殊人群使用的家具设计进行了分析，并且提出了家具设计的发展趋势。本书的撰写结合了不少设计案例，从青年设计师的视角提出了家具设计中的一些重点。由于时间仓促，难免有一些疏漏之处，也非常希望读者和我们共同探讨研究。

　　另外还要感谢翟伟民、赵云、田雪、龚巧琳、谢国华、张芯露、郭航、李昊阳等设计师提供作品素材；感谢图文绘制：鹿国伟、於佳颖、黄巧巧、周巧宁、魏文娟等同学；感谢文字校对：孙鲲洋、都梦娇、沈丹凤、李忠泽；感谢版面排版：张馨儿。

夏颖翀

2018 年 4 月

课时安排
TEACHING HOURS

■ 建议课时 64

课程		具体内容	课时
课程导论 （20 课时）	课程概念	认识家具设计	8
		从传统走向现代	
		家具的分类	
		家具的材料与工艺	
	课程解读	家具设计的一般程序	12
		编制加工文件与产品打样	
		家具设计的创新方法	
		家具设计的新趋势	
家具设计与实验 （40 课时）	家具设计基本原理 与方法	设计课题 1 "为了坐的设计"	14
		设计课题 2 "来自自然的形态"	
		设计课题 3 创造美的结构	
	家具设计的应用	设计课题 1 陪伴——儿童家具设计	12
		设计课题 2 关爱——老年人家具设计	
	家具设计的新趋势	设计课题 1 1+1>2——现代家具的功能创新	14
		设计课题 2 "Redesign"——传统家具的再设计	
		设计课题 3 "融"——面向未来的材料探索	
课程资源导航 （4 课时）	优秀作品展示	优秀作品展示	2
	优秀设计网站推荐	优秀设计网站推荐	1
	优秀设计图书推荐	优秀设计图书推荐	1

目 录
CONTENTS

004　　　　**总序**

006　　　　**前言**

007　　　　**课时安排**

010-035　　**第 1 章　课程导论**

011　　　　　　1.1　课程概念

011　　　　　　　　1.1.1　认识家具设计

014　　　　　　　　1.1.2　从传统走向现代

016　　　　　　　　1.1.3　家具的分类

020　　　　　　　　1.1.4　家具的材料与工艺

023　　　　　　1.2　课程解读

023　　　　　　　　1.2.1　家具设计的一般程序

030　　　　　　　　1.2.2　编制加工文件与产品打样

031　　　　　　　　1.2.3　家具设计的创新方法

035　　　　　　　　1.2.4　家具设计的新趋势

036-111　　**第 2 章　家具设计与实验**

037　　　　　　2.1　家具设计基本原理与方法

037　　　　　　　　2.1.1　设计课题 1　"为了坐的设计"

050　　　　　　　　2.1.2　设计课题 2　"来自自然的形态"

060　　　　　　　　2.1.3　设计课题 3　创造美的结构

069　　　　　　2.2　家具设计的应用

069　　　　　　　　2.2.1　设计课题 1　陪伴——儿童家具设计

078　　　　　　　　2.2.2　设计课题 2　关爱——老年人家具设计

088　　　　　　2.3　家具设计的新趋势

088　　　　　　　　2.3.1　设计课题 1　1+1>2——现代家具的功能创新

100　　　　　　　　2.3.2　设计课题 2　"Redesign"——传统家具的再设计

106　　　　　　　　2.3.3　设计课题 3　"融"——面向未来的材料探索

112-134   **第 3 章   课程资源导航**

113   3.1   优秀作品展示

129   3.2   优秀设计网站推荐

132   3.3   优秀设计图书推荐

135   **参考文献**

01

第 1 章　课程导论

011-022　1.1　课程概念

023-035　1.2　课程解读

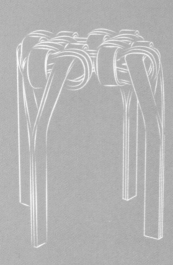

第1章　课程导论

1.1　课程概念

目的与意义：（1）了解家具设计的基本概念；（2）掌握家具设计历史脉络、基本分类与工艺；（3）掌握家具设计基本原理与方法；（4）熟练运用材料与结构；（5）提高家具设计的创新思维能力。

课程定位： 工业设计、产品设计必修课。

重点： 形态塑造、结构设计、功能延展与材料应用。

难点： 形式与功能创新。

适用课程： 产品设计、家具设计、专题设计等课程。

适应课程： 公共设施设计、展示设计、室内设计、产品整合设计、人机工学等课程。

适用专业： 适用于工业设计、产品设计、环境设计、公共艺术等专业。

1.1.1　认识家具设计

家具是人类活动的产物，是伴随人类生活和工作最重要的器具。家具在概念上有广义和狭义之分，广义的家具是指人类维持正常生活、从事生产实践和开展社会活动必不可少的一类器具。狭义的家具是指在生活、工作或社会实践中供人们坐、卧或支撑与储存物品的一类器具。不同的时期、地区、环境和生活方式下，人们所使用的家具也各不相同。家具的变化与人类社会文化的发展、生产力水平的提高息息相关，在它身上也带着不同时期的烙印。

设计是人类最早的活动之一，是人类为了生存和发展进行的一种创造性活动，这也成为人类走向智慧文明的第一步。设计一词中的"设"意为设想，"计"则为计划，因此设计的基本含义就是要将设想通过周密的计划，用各种形式呈现出来。假如你有一个很好的想法但是只是在脑子里那算不上设计，设计必须以语言、文字、图片或模型等某种方式表达出来，换句话说就是要将人的内在需求转化为外在现实的过程。

家具设计属于产品设计范畴，是为了满足人们对家具使用功能和审美需求而进行的创作性活动，通过对市场的调研与分析、设计与制作将构思现实化。家具设计包括艺术创造性与科学技术性两大方面。艺术创造性主要体现在家具的造型设计上，设计师以艺术化造型语言来反映设计理念，通过产品美学来满足人们的感性思维与审美体验。家具设计中的科学技术性主要体现在设计师将家具材料、功能、结构、工艺等方面通过缜密细致的计划与理性思维进行考量，来设计出真正符合市场需求的家具。

家具设计课程是工业设计、产品设计专业必修课程，通过对本课程的学习，使学生了解家具设计的基本概念，掌握家具设计的历史脉络和设计原理与方法，开拓家具设计创新思维模式，通过对实际案例的分析来提高学生对家具设计中功能、造型、材料与结构的理解，更加深入了解家具设计整个系统化的设计过程，提升其鉴赏和审美能力，通过习题训练来加强学生家具设计的创新思维能力和实际应用能力。

（1）功能

功能是家具设计的先导要素，也是进行造型设计的必要前提。在家具设计中功能设计要始终放在首位，家具功能设计中首先要考虑使用者的需求，使用起来要舒适、合理、安全。在设计前期要对市场进行充分的调研与分析，再进行系统化设计，将设计合理化、市场化。与其他设计一样，家具设计中功能设计不追求"越多越好"，一味地进行功能叠加可能会适得其反。一件好的家具功能必须具备合理性，在满足主要功能的同时如有需求可以增加合理的附加功能。例如凳子兼具了储物功能，沙发兼具了床的功能。功能的多样化，满足了人们"一物多用"的不同需求（图1-1）。

（2）造型

造型是指创造出的物体形象。家具往往以具体的造型形式展现在人们面前，包括材料、结构、肌理、颜色等。家具不仅具备实用性还兼具艺术美学性，新的家具造型能不断引导和刺激消费。功能与造型完美结合能激发人们的情感，带给人们美的享受。随着物质生活水平和精神文化水平的提高，人们对家具的造型要求也越来越高。作为设计学生要培养深厚的造型基本能力、美学修养和敏锐的观察能力，学会观察生活中的美，灵活运用形式美法则将这些"美"进行设计与创作。家具造型除了基本形式以外，往往也会具有一定的功能暗示和符号信息意义（图1-2）。

（3）材料

材料是构成家具的物质基础。用于制作家具的材料种类繁多，主要分为自然材料与人工材料两大类，自然材料包括我们常见的木材、竹材、石材和皮革等，人工材料包括塑料、金属、玻璃等。材料的应用与工艺密不可分，在家具设计中要考虑材料的工艺因素，不同材料具有不同的特性，采用的加工工艺也不同。比如木制材料因受到水分影响而会产生热胀冷缩或者弯曲开裂，因此在制作家具时要先对木材进行烘干处理，提高其稳定性，防止和减少木材在自然气候变化时导致的变形。材

图1-1 SPOT
（2016年/设计者：[波] Wiktoria Lenart）

图1-2 Quetzal chair
（2016年/设计者：[法] Marc Venot）

料因其质地与表面肌理不同给予人们不同的感受。木材是人们最爱使用的材料，其质地自然，手感温润。在常年寒冷的北欧，人们十分喜欢使用原木来装饰自己的家，在保留了木材原始色彩和质感的同时也留住了温暖，让家变得温馨舒适。当然材料的质量好坏、价格高低、环保安全也尤为重要。现在越来越多的人开始注重家具材料的环保性，所谓的环保性也有两层含义：一是材料本身的环保安全，二是材料的回收利用。作为设计师一定要注重环境保护，设计的家具要尽可能地延长使用周期和考虑材料的重复利用，给环境减负。

（4）结构

家具的结构设计是与材料工艺相结合进行的家具构件之间的组合和连接方式及整体构造的设计。家具的形式多种多样，结构的类型也在不断变化中。从材料上可以分为木家具结构、金属家具结构、塑料家具结构等，中国传统木质家具大多采用榫卯结构，而如今也会采用加工更为便利的金属连接和螺钉连接。家具结构设计就是在满足家具的基本功能前提下，探索一种更加简单便捷、牢固安全以及更经济实惠的结合方式。有时候连接件不单单起固定作用，还起装饰作用，可以更好地将功能结构与外观造型融合在一起（图1-3）。

图1-3　家具手绘草图（设计者：周巧宁／指导：徐乐）

1.1.2 从传统走向现代

家具作为历史发展的代表产物，受到不同时期的政治、经济、文化和生产力发展水平的影响，它记载着人类发展的每一个进程，具有强烈的时代印记。从《辞源》中"家具"这个词的含义来讲是指家庭所用的器具，所谓"家"的概念就是要有居住的空间，家具的发展与建筑就有了密不可分的关系。家具由人类活动而起，人的生活形态的改变对家具有着巨大的影响作用。

中国最早的家具从卧具和坐具开始，随着生活需要储藏与收纳物品而出现了柜子、箱子、衣架等家具，之后建筑空间变化，需要有隔断遮挡之物便有了屏风。中国传统家具的造型和结构在时间的沉淀下逐渐定型，发展到明清，随着园林建筑的大量兴建，明清家具在传统家具的基础上推陈出新，家具艺术达到巅峰时期（图 1-4）。

由于各个国家不同历史环境的差异，家具的发展也受到了不同时期的文化、生活方式等因素的影响。西方古典家具主要为宗教权贵使用，注重装饰艺术，在造型艺术和工艺技术上都达到了很高的水平，各个时期风格化明显。西方工业革命时期，生产力迅猛发展，开启了西方现代家具的探索发展之路。从注重装饰到注重功能，从手工制作到机械制作，从单一生产到批量化生产，从装饰繁复到简约明快，在设计师们的不断革新与设计中，家具也有了全新的风格与面貌。

家具发展是随着科学技术和文化艺术的发展而不断创新，技术更新、材料更替、工艺创新都会带给人们新的视觉感受，随着世界的联通、全球化、网络信息发展，人们的审美观、流行趋势、生活方式都在不断融合提升，距离也在慢慢拉进。

图 1-4 榉木雕螭纹圈椅

家具从"大家"走向"小家"，为适应小空间，从大笨重走向小巧轻，可折叠可拆装家具应运而生。宜家家居就是一个典型的例子，可以说它是一家成功的家居美学营销公司，它的目标是：为普通大众的日常生活创造一个美好的未来。它掌握着消费者需求，以低价格、组合式、简洁美观的特点走进普通家庭，受到大众的喜爱（图1-5）。

社会在发展，时代在进步，全新的生活形态带来全新的家具设计，在现代技术下人们也开始反思，开始关注自然环境及生态系统。作为设计学生，未来的设计师应该富有社会使命感和责任感，力求将设计对环境的影响降到最低，包括革新工艺来减少废气、废水的排放，考虑产品的再生，延长产品生命周期。

图1-5 宜家家居

1.1.3 家具的分类

随着社会的发展，信息化的普及，人们生活方式也在不断改变，现代家具风格也变得愈发多元化。为了便于更好地理解和学习，在这里我们从使用环境、功能、材料和风格形式四个角度和方向来对家具进行分类。

1. 按使用环境分类

从家具为满足人类在不同建筑空间环境中活动的功能需求方面，对家具进行以下分类。

（1）住宅家具

住宅家具是指人日常起居生活所用的家具，种类繁多，是最常见、市场上占份额最大的品类。主要包括客厅家具、厨房家具、餐厅家具、卧室家具、卫浴家具等（图1-6）。

（2）办公家具

办公家具是指日常办公或社会活动办公所用的各类家具，主要包括办公桌、会议桌、工作椅、文件柜、茶几和沙发等。因办公家具市场的快速成长，现代的办公家具越来越注重家具与办公环境的协调性，办公空间的私密性和人机工学等方面的设计（图1-7）。

（3）酒店家具

酒店家具是指酒店、旅馆、民宿在客房、办公、娱乐、餐厅等空间需要的家具。一般家具与装修相结合，根据实际情况来设计制作。酒店家具适宜用耐磨、防水、防潮、防火、抗划性好的饰面家具。

（4）商业家具

商业家具是指在各类商场、超市、专卖店等商业环境中用于陈列、展示、储存和宣传的家具。这类家具与装修风格、品牌文化、商品主题相关联。商业家具的布置应充分考虑人流分布情况和人体活动尺寸，要与整个环境相协调。

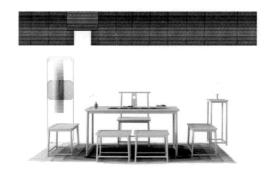

图1-6 海棠印象（设计者：翟伟民）

图1-7 Beta Workplace System
（2012/设计者：[意] Pierandrei Associati）

（5）院校家具

院校家具是指提供给各类学校或科研机构在教学和科研中使用的家具。主要包括教室和宿舍所用的课桌椅、讲台、床、桌子、椅子和柜子等，还包括食堂、浴室、实验室等空间所用的家具。

（6）医用家具

医用家具是指医院、疗养所等医疗机构中所用的家具。医用家具对材质要求比较高，针对这样特殊的环境，要求家具要耐脏、耐酸碱性、易清洁、符合人机工学等。

（7）公共家具

公共家具是指公共空间所用家具，如电影院、报告厅、车站、机场、码头、广场或公园等公共空间。公共家具是人们多彩生活方式及社会形态的展现，在公共环境中不仅满足人们的功能需求，更是精神文化的传播者。公共家具要求结构简洁、

强度高、耐磨、耐腐蚀（图1-8）。

2. 按功能分类

从基本使用功能来划分，家具可以分为橱柜类家具、桌台类家具和坐卧类家具。

（1）橱柜类家具

橱柜类家具用于空间储物和收纳用，比如衣柜、书柜、床头柜、餐具柜、电视柜等。橱柜类家具基本有固定式和可移动式两种基本类型。在造型上也有封闭式、半封闭式和开放式三种形式。

（2）桌台类家具

桌台类家具是与人类工作、学习和生活方式直接有关的家具，有一定的尺寸要求。主要有台桌和几架两类，包括我们常用的餐桌、写字台、电脑桌、梳妆台、茶几和花几等。

图1-8　BD LOVE（2003年／设计者：[英] RossLovegrove）

（3）坐卧类家具

坐卧类家具是最早形成的家具类型之一，也是人们使用最多、最广泛的一类家具。包括椅凳类、沙发类和床类等。椅凳类是家具设计里最为基础的类型，形式多样，材料丰富。沙发类家具是人们为了追求舒适的生活方式而产生的，是如今家庭必备家具。床是人休息、放松身心时使用的家具，根据空间大小和功能需求又可分为单人床、双人床、折叠床等类型。

3. 按材料分类

材料是家具组成最基本的元素，不同材质的家具其造型、质感则不同。随着新材料、新工艺的发展，家具设计可选择的材料也越来越多，环保绿色材料也逐渐受到人们的关注和喜爱。这里我们按材料将家具分为三大类。

（1）自然材料

自然材料是指从自然界中直接选用的材料或是未经人工深度加工，还保有自然属性的天然材料，如木材、竹材、石材、皮革等材料家具。

（2）人造材料

人造材料又可称为合成材料，是人为地把不同物质加工而成的材料，如塑料、金属、玻璃等材料家具（图 1-9）。

（3）混合材料

混合材料是天然材料和合成材料混合搭配而成的家具，如金属与木材结合、金属与皮革结合、塑料与木材结合等材料家具。

图 1-9　Matter of Motion（设计者：[以] Maor Aharon ）

4．按风格形式分类

家具发展随着时间的推移，形式风格也发生着变化。这也代表着某一时期、某一地区流行的文化和艺术形式，是时代的象征。按风格形式分类可以分为古典家具和现代家具风格形式两大类。

（1）古典家具

古典家具里又分为西方古典家具和中国古典家具两类。西方古典家具从古埃及开始，装饰手法丰富，多采用动物形式造型，展现了人类征服自然的勇气和力量。从古埃及家具开始到后来的古希腊家具、古罗马家具、中世纪哥特式家具、文艺复兴时期家具、巴洛克式家具、洛可可式家具和新古典主义时期家具，家具风格也从追求宏伟、壮观、华丽、装饰性强慢慢转向精简、轻盈、雅致。中国古典家具和西方古典家具一样经历了时代的蜕变。特别是明清时代，是我国家具史上最辉煌的时期。明代家具在历代家具的基础上进入了成熟时期。以造型简练、做工精细、结构严谨等特点著称。清式家具则更为追求装饰上的华丽和用料上的贵重，工艺和技术上有了进一步的提升。古典风格家具的发展为现代家具奠定了基础。

（2）现代家具

随着工业文明的兴起，设计活动的服务对象不再是少数权贵，而是人民大众。古典传统家具必须在满足人们生理需求和精神需求上进行革新。伴随着现代城市化进程的加快，人们生活水平的提高，生活方式的改变，现代家具在设计上更加人性化、多元化，带给使用者良好的使用感和体验感。现代家具的特点从重装饰转变为重功能，结构外形更偏向于简洁，材料工艺也更加多样化。智能化、绿色化家具的兴起也受到越来越多人的关注，成为目前新的家具发展趋势。

1.1.4 家具的材料与工艺

　　材料是家具设计的基础，家具设计的实现离不开材料的支撑。随着材料的不断发展和丰富，设计师的创意灵感也得到启发。在传统材料为主力的家具市场因新材料家具的加入而更有活力，材料的革新推动着家具设计的发展与进步。所有的材料需要运用加工工艺来完成，家具材料决定了工艺设计，材料与工艺相辅相成，不同材料采用的工艺也不相同。作为设计学生，学习理解和熟练运用家具设计中的材料与工艺尤为重要。这里我们主要介绍几种家具设计常用材料与工艺。

1. 实木

　　实木是人类使用最早、应用最广泛的天然材料之一，在家具设计中占有举足轻重的地位。实木可塑性强并富有弹性，材质温润，色泽纹理漂亮，纯实木的家具在工艺上要求相对较高，选料、烘干、拼接都需要严格把控（图 1-10）。实木材料有其明显的优点，也有一定的缺陷，比如实木具有干缩湿胀的特性，容易变形和产生裂纹；实木易燃性高，在一定干燥程度上，容易着火燃烧；实木也会因腐朽、变色和虫蛀而形成缺陷。家具的结合方式多样，结合方式的好坏可以直接影响到家具的强度和稳定性。目前实木家具的结合方式主要有榫卯结合、连接件结合、胶结合和钉结合等方式。其中榫卯结合在我国的家具设计中广泛存在，结构严谨、牢固，还有一定的装饰作用。由于林木资源有限，合理利用资源、优化资源、资源的再利用包括发展代替材料就成了我们要面对和解决的重要问题。我们常用的家具实木材料有桦木、松木、榉木、水曲柳、胡桃木等。这些材料也是我们实践操作训练时很好的原材料，木质坚硬、易加工、价格适中。

图 1-10　Bloop（设计者：[克] Regular Company）

2. 人造板材

人造板材是目前家具生产的主要材料，是由木材废料添加化工黏合剂加工而成。人造板材的种类较多，有我们常见的刨花板、密度板、胶合板等，与实木相比具有不容易变形、价格低廉等特点。人造板材家具多以多用钉和五金件结合。刨花板由木材粉碎颗粒后胶合压制而成，加工方便，价格低廉，适合制作面板。密度板由木料粉碎后高温、高压成型，密度高、表面光洁、易加工，适合作为家具的基材。胶合板因其具有良好的弹性、韧性、易加工等特点，适合利用高频弯曲成型的工艺制作弯曲家具。人造板材的出现很大程度上缓解了木材资源紧缺的压力，在快速发展的今天，人造板材的需求量也在逐步增加，仍然会是家具市场的主要材料。

3. 金属

金属在家具设计中多以管材、板材等作为骨架支撑基材，常与木材、人造板材、玻璃、塑料等其他材料搭配使用，如椅子的金属支架框、木材的坐面。金属材料因材质坚硬，冬季使人感觉冰冷，很少大面积出现在住宅家具设计中，常作为支撑架、五金连接件、配件出现，比如抽屉把手、橱柜拉手、门铰链、金属合页等。金属材料一般通过冲压、锻、铸、焊接等加工工艺来设计各种造型，采用电镀、喷涂等工艺进行表面处理，用螺钉、插销或者焊接等连接方式进行材料连接与组合（图 1-11）。

图 1-11　OBJECT # SQN1-F2 A 金属椅
（设计者：张周捷）

4. 皮革

皮革是经一系列物理、化学加工所得到的不易腐烂的动物皮，具有自然的纹理和光泽，手感舒适。皮革制品在家具中也较为常见，最典型的例子就是皮沙发。皮沙发主要采用猪皮、牛皮、羊皮等动物皮，经过特定的加工工艺制作座椅，具有柔软、透气等特点。皮革制品制作方式也可分为动物皮、再生皮、人造革和合成革，根据实际需求应用于各个家具设计中。

5. 塑料

塑料家具相对于实木、人造板材、金属家具具有可塑性强、材质轻便、隔热防潮、色彩多样等特点，受到人们的喜爱。因塑料家具便于清洁，也适用于各类公共场所，特别是在车站、机场、商场等场所座椅都是我们常见的。潘东椅作为塑料椅子中的经典，凭借S流线型风靡全球。潘东椅采用塑料一次压膜成型，直接反映了其生产工艺及特点（图1-12）。随着技术的发展和进步，亚克力作为塑料常用材料被广泛用于家具设计中，在设计师的设计下变得风格多样、灵动。亚克力材质在高温下可回收再利用，延长了产品的生命周期。

除了以上几种常见材料以外，还有很多新材料通过新工艺来增加家具的独特性。新材料的发展及"绿色"材料的出现也得到人们的广泛关注和探讨，给予了家具设计师广阔的设计空间。

图1-12 Panton Chair（1960年/设计者：[丹] Verner Panton）

1.2 课程解读

学习方法与步骤：

该课程让学生了解当下家具设计趋势，拓展家具设计的创意思维模式，通过实战案例分析、课程实验及应用的方法步骤，让其掌握家具设计的方法。

课程内容：

从创意思维出发，通过对家具设计一般程序与方法的学习，从而将家具的造型、结构、功能、材料进行重点详解并提供案例分析。

学习方法：

通过了解家具设计创意思维模式与程序方法，进行实战案例分析及实际应用，让学生掌握家具设计思维和表现能力的技法，为提高学生专业职业技能打下良好的基础。

1.2.1 家具设计的一般程序

每一门学科都有它自身的规律和方法，而家具设计也不例外，家具设计的程序也是从诸多设计实践中总结出来的一般规律和方法。人脑海里从对一个家具产品的初步设想，到最终实现，通过步骤和方法来协调家具的造型、材质、功能、结构、色彩和工艺，使家具高度达到预期的设想结果，这个过程就是家具设计的程序。对于家具专业的初学者来说，家具设计的一般程序与方法非常重要，能够让你科学地进行设计工作，进而有效地提高工作效率，实现设计的目的，达到设计的要求。企业的家具产品从开发到上市的基本流程分为前期的市场调研、中期的设计实践、后期的生产和营销四部分。如图 1-13 所示，细分下来有 15 个步骤：企业提出设计要求——接受任务——制定计划——市场调研——设计定位——

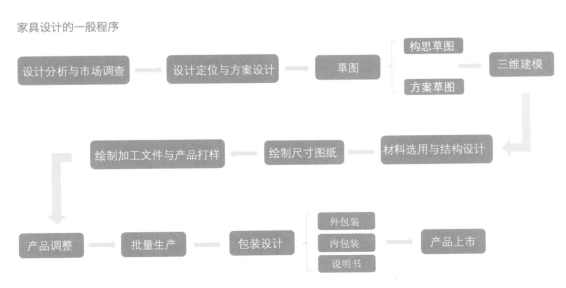

图 1-13 家具设计的一般程序

设计——草图——三维建模——效果图——结构设计——产品放样——产品调整——批量生产——文化包装——产品上市。在上面的设计程序中，每个任务都是按照严密的次序逐步进行的，有时任务和任务之间前后颠倒，相互交错，出现回头现象，称为设计循环系统。采用循环系统是为了不断检验和改进设计，最终实现设计的目标、达到设计的要求。

另外在此过程中，设计师需要完成制定计划、市场调研、方案设计和绘制效果图，有些工作需要与企业其他部门进行有效沟通和密切配合才能完成。如家具的结构需要结构工程师设计和评估，产品实现需要木工或精通工艺的师傅制作打样，产品上市需要营销团队进行推广宣传等。

在高校课程中，大部分学生的家具作品无需面临批量化生产的问题，所以同学们在学校学习的家具设计的程序相对企业要简化一些。这里归纳为四个步骤如图 1-14 所示，设计分析与市场调查——设计定位与方案设计——材料选用与结构设计——绘制加工文件与产品打样。下面针对这四个步骤详细阐述。

1. 设计分析与市场调查

第一步是设计要求，一般企业会根据之前产品在市场的反映，给出相应的设计需求，从而明确设计目的。而高校的课程安排一般是主题性的设计要求，比如为老年人的起居生活设计一套家具产品、"蚁族"人群小空间的家具设计等。

家具企业在进行新产品开发设计的时候，他们会有自己的战略目标，这个战略目标须通过新

产品的开发设计才能实现。所以，设计师需要理解企业的开发战略和意图，这一点显得尤为重要。只有真正了解了企业新产品开发的目的，设计师才能明确设计目标，进行有针对性的设计。因此在设计正式展开之前，企业需要给设计师提供明确的设计说明和设计需求。

（1）如表 1-1，明确任务、提出要求的这些设计任务需要设计师通过市场调研的结论和敏锐的观察力来进行确定。

（2）接受任务

设计师在接受设计任务以后，为了保证设计质量，首先需要制定一套清晰、完整的工作计划。

设计任务表　　　　表 1-1

序号	设计任务	例子
1	产品风格	如：简约、简欧、古典、美式、中式、新中式等
2	产品市场定位	如：欧美、一级城市、二级城市、南方、北方等
3	价格定位	如：高端、中端、低端
4	消费人群定位	如：青年、儿童、老年、白领、大众等
5	材料定位	如：木材、板材、石材、金属、木材+金属+皮革、板材+亚克力等
6	市场中同类产品的销售信息及图片	
7	企业的生产技术条件、制造工艺水平	
8	新产品开发周期和质量要求	
9	设计图纸的范围	如：草图、效果图、CAD尺寸图、装配图、零部件图、大样图、包装图

设计分析与市场调查 → 设计定位与方案设计 → 材料选用与结构设计 → 绘制加工文件与产品打样

图 1-14　家具设计的四个阶段

（3）制定新产品设计工作计划

以浙江工业大学之江学院 ID·Lab 设计工作室为某个家具厂进行的扁平化系列新产品开发为例，从表 1-2 中可以看出每个分阶段工作实施的具体内容和指标全过程。

（4）市场调研

1）市场调研的目的

开发家具新产品是一项有计划、有目的的活动，企业生产的产品并不是毫无根据地仅仅凭着设计师的丰富想象力设计出来的。产品的造型设计千变万化，新设计开发出来的家具想要在市场中具有竞争力，就必须满足消费者的需求，解决家具在不同使用空间、使用状态下，物质和精神需求所遇到的实际问题。

家具市场调研的目的是了解消费者的心理诉求、消费潮流与趋势、竞争对手、同类产品的市场占有率，预测未来新产品的走势，满足消费者的物质和精神需求，提高家具新产品的市场竞争力和市场占有份额。

2）市场调研的内容

设计师要想全面深入地了解消费者对产品的真实看法，就必须从各个角度全方位地对家具市场和消费者的情况展开调查。以下是市场调研的具体内容。

新产品研发的工作计划   表 1-2

进度 ＼ 内容	内容 1	内容 2	内容 3
承接设计任务	与企业决策层进行沟通，了解整体目标	了解企业的市场位置、产品风格、产品定位	了解企业的生产状况及工艺水平
市场调查与资料收集整理	赴上海进行市场调查，了解家具消费潮流与趋势	通过互联网收集相关产品资料进行分析	形成新产品开发方向的文件，通过 PPT 的方式对企业决策层进行汇报沟通，寻求认可
初步方案	利用手绘、Sketch up、Rhino、Keyshot 等软件进行草图创意，特别注意在概念、风格、形态、材料搭配、涂装效果方面寻求突破	以点带面、设计多款单件同类产品供企业评估遴选	确定设计方案后，可进入成套家具的深入设计阶段。通过 PPT 的方式对企业决策层进行汇报沟通，认可后，双方各备份所确定方案文件，进入产品系列化设计阶段
系列化设计阶段	产品系列化设计阶段，确定视觉元素，形成产品风格，研究结构方式，材料搭配涂装效果，完善细部设计	用 Panter、Rhino、Keyshot 等软件进行计算机辅助设计，直观地表达设计意图和效果，主动与企业技术生产部门沟通，避免因技术手段、加工水平的制约而引起的产品实现困难的问题	通过 PPT 的方式对企业决策层进行汇报沟通，认可后，双方各备份所确定方案文件，进入产品深入设计与调整阶段
深入设计与调整阶段	对所出现的零部件通配性不强、加工成本过高、外形加工困难、整体加工性不强，和谐度不高等问题进行适当调整，控制设计进度	达到既控制成本，又有变化统一的效果，实现在整套系列产品中以经典产品带动整体产品销售的商业目的	经调整通过 PPT 或其他方式，与企业决策层进行汇报沟通，认可后，进入绘制生产技术图纸阶段
绘制生产技术图纸阶段	绘制 CAD 加工图、零部件图、打样图、装配图、包装图，列出材料清单	编制完整规范的技术文件，装订成册	交企业验收，进入新产品放样阶段
新产品放样加工、调整及评估阶段	根据需要，可边出方案边放样，也可集中放样	设计师在此时要及时跟进，发现问题要及时调整	与企业决策层一起，对已放样的产品进行评估，得出结论

- 消费者调研

要了解消费者需要什么家具产品，可以把已知的家具产品按类分析，如图 1-15，调查消费者的现实需求和潜在需求；了解消费者的诉求，从而探求消费者对某种产品的需求。

- 现有产品调研

对现有家具产品进行调研，如调查市场上现有家具产品的分类、风格、使用材料、体量、耐用性、维护性能等；调查现有产品的市场定位及产品消费者的经济承受能力；调查现有产品在外观造型方面的风格特点、外观特征、色彩、材质、表面处理等；调查现有产品的销售价格、制造和维护成本等内容。

- 市场细分调研

不同的消费者有着不同的需求，为了满足潜在消费者的不同需求，家具企业和设计师可以通过市场调研把具有不同需求的消费者划分成不同的客户群，也就是将整个市场划分成若干个子市场。不同的子市场的客户需求存在差别，市场细分有利于企业对客户的需求进行定量的分析，也有利于设计师针对目标市场有目的地开发、设计新产品。如可以把消费者按不同的年龄、性别、消费能力、文化水平等分成不同的消费层次。市场细分是市场需求预测的前提，也是企业准确选择目标市场的基础。

- 竞争对手调研

有竞争才有发展，市场竞争可以推动企业的新产品开发。市场竞争者调研主要是了解市场中有多少竞争对手和潜在的竞争对手，本企业与竞争对手产品的优势与劣势是什么。具体的调研内容包括竞争对手同类产品的技术性能、销售渠道、产品价格、推销方式、市场分布等。

- 市场行情调研

市场行情调研的内容是了解国内外及本地区家具市场的商品行情、当前流行趋势，分析市场行情的变化，预测家具市场走势，研究家具市场行情变化对新产品开发的影响等。

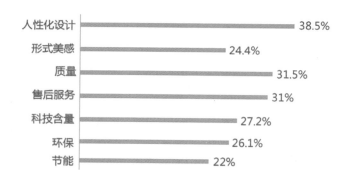

"80后"对产品的诉求点及所占比重（此题为多选题，应答比率之和大于百分之百）

图 1-15　消费者调研

3）市场调研的方法

如果要使市场调研的结果对整个家具企业的产品开发设计、生产销售起到决定性的作用，就需要用调研方法去实现它。

由于每个家具生产企业的产品开发的内容、背景和复杂程度不同，在调查时可以根据当时的实际需要采用各种不同的调研方法。常用的调研方法有：

● 询问法

如图1-16，询问法是一种比较常见的市场调研方法。运用询问法进行市场调研时，要事先准备好需要询问的问题要点、提出问题的形式和询问的目标对象。询问法还可以分为直接询问法、书面询问法、集体询问法、个别询问法、选择询问法、邮寄询问法、电话询问法等不同的询问方法。

"蚁族"群体使用家具产品情况的问卷调查

您好！感谢您在百忙之中抽取时间填写此份调查问卷。为了了解"蚁族"群体所使用家具产品的情况，有利于我们设计一系列更加贴近他们生活方式的家具产品。希望您能积极参与，为我们的调研活动提供宝贵的参考意见。本次调查将会耽误您几分钟的时间，请您见谅！谢谢合作！（需要请您在所认为的选项的下面划√)谢谢您的配合和支持。

注：(1)请根据题目要求在答案上划"√"

1. 请问您的性别

　　A、男： 　　　　　B、女：

2. 请问您的年龄

　　A、0—15 岁 　B、16—22 岁 　C、23 岁—28 岁 　D、29 岁—33 岁

3. 请问您受教育程度

　　A、初/高中文化程度以下 　B、初/高中文化程度 　C、专/本科文化程度

　　D、硕/博士文化程度

4. 您有自住房还是租房住

　　A、有自住房 　　　B、租房住

5. 您采用单独租房的方式还是采用与人合租的方式(对应问题5,若有自住房则不填写)

　　A、单独租房 　　　B、与人合租

6. 您的租房面积有多大(对应问题5,若有自住房则不填写)

　　A、5—15 平方米 　B、16—20 平方米 　　C、21—40 平方米 　　D、41—

　　80 平方米 　　　　E、80 平方米以上

7. 您所租的房屋配置家具了吗?(对应问题5,若有自住房则不填写)

　　A、配置家具了 　　B、没配置家具,自己买的家具

8. 您对租房里的家具满意吗(对应问题5,若有自住房则不填写)

　　A、满意 　　　B、不满意 　　　C、一般般吧

9. 您对租房的家具不满意的原因是(对应问题8,若满意可以不填写此空)

访谈人员的基本情况介绍

姓名	王先生	性别	男	工作	市场营销行业
籍贯	江苏镇江	所在城市	杭州	学历程度	本科
月收入	4100	租房情况		单间带厨卫共20平方米,基本公摊15%,实际使用面积为17平方米,租房未配置家具、宽带、家用电器	
租房人数	王先生和两个堂弟合租,共三人				
租房价格	1400元	每人分摊		466元	
访谈时间	2014年8月12日	访谈地点		王先生租房内	

访谈过程记录：

访谈人员：你好！谢谢您接受我们的采访。

王先生（受访者）：没事，我今天恰好有空。

访谈员：请问你现在的居住环境如何，你对这种居住环境满意吗？

王先生（受访者）：一般般，现在这种居住环境只能暂时满足我当前的需要，再过几年我希望能改变一下这种居住环境、在杭州买一套房。

访谈员：您所租的这个房子里自带家具吗？

王先生（受访者）：我租的这个房子完全没有自带家具，这个房子是个裸房，我刚搬进来的时候连张床都没有，所以家具都是我自己买的。

访谈员：整套家具都是您买的吗？整套家具可不便宜啊。

王先生（受访者）：没关系，反正我打算过几年在杭州买套40平方米的小房子，到时候肯定要买家具，不如现在先买了，到时候再直接把家具搬进去就行。

访谈人员：这些家具好用吗？

王先生（受访者）：用起来挺舒适的，我买的这套家具既实用又时尚，我很喜欢这套家具。而且这里租房住的人不多，就我和我的两个堂弟住在这里。房子虽然不大，但我们也没太多东西，相对于我以前租的那些房子来说，我觉得这个房子住得最爽。

图1-16　询问调查法

● 实验法

实验法是指在产品开发或是正式投产以前，先做一些实验和测试，如消费动机实验等，从中获得必要的技术数据或了解消费者的反馈情况的市场调研方法。实验法可以分为对比实验法、样品实验法、试销实验法等。应用实验法进行市场调研时，实验所用的资料必须具有代表性和典型性，对某些重要的数据，可能需要经过多次反复的实验才能达到预期的目标。

● 资料分析法

资料分析法是家具设计师经常使用的调研方法。人类进入信息时代后，通过互联网检索收集资料变得非常迅捷、简单易行、容易实施，是汲取他人经验、扩展自己思路、提高工作效率的有效途径。使用资料分析法做市场调研一定要注意所获取的资料的真实性和时效性。

2. 设计定位与方案设计

如图 1-17，绘制构思草图是一个把设计构思转化为现实图形的有效手段。草图的表现形式多种多样，根据设计任务的不同阶段，我们通常把草图分为构思草图和设计草图。绘制构思草图是一种广泛寻求未来设计方案可行性的有效方法，也是对家具设计师在产品造型设计中的思维过程的再现。作为家具设计师最容易驾驭的设计表现手段，它还可以帮助设计师迅速地捕捉头脑中的设计灵感

图 1-17　设计定位

和思维路径，并把它转化成形态符号记录下来。

构思草图的目的是尽可能多出创意，如图 1-18。在产品设计的初期，某一瞬间产生了设计的灵感，就必须马上用笔做图形记录，推敲这些既不规则也不完美的形态，即所谓的"用笔去思考"。不用对其中的细节做过多的修饰，待构思设计阶段完成后，再返回来修改这些未经梳理的方案。设计师在构思草图过程中，不必考虑产品造型的细节表现，构思草图的表现形式可以是透视图，也可以是产品各个面和各角度的平面视图，甚至是简单到只有设计师自己才能看懂的几根线条。对构思草图的唯一要求是草图的数量一定要多，因为只有通过大量地绘制构思草图，设计师才能充分拓展自己的设计思路，并从中筛选出符合各项要求的设计方案，为最后的定稿打下基础。设计草图是从构思草图中挑选可以继续深入的、可发展的设计方案，经过完善细节设计而来的。设计草图的好坏直接关系到企业对设计方案的决策，一些好的设计构思和想法，有时可能会由于草图的效果表现不够充分而被企业否决。因此，如图 1-19，在设计草图阶段，设计师不管是用手绘草图还是用电脑草图，都要注意方案的准确性、艺术性。

不同的家具企业对草图的要求是不同的，有经验的家具企业可能只需要看手绘草图，就可以加以判断，而大多数家具企业则需要计算机的虚拟效果图。无论如何，现代化的计算机辅助设计已经为设计师提供了丰富的设计软件，供家具设计师选择。

常用于家具设计的计算机辅助设计软件有3D Max、Rhino、KeyShot、AI、Photoshop、SketchUp。电脑草图绘制方法是用 AI 等软件打稿或建模，再用 Photoshop、3D Max 等软件来修饰的方法绘制。计算机辅助设计在现实设计中已经得到了广泛的应用。

图 1-18 构思草图（设计者：徐乐）

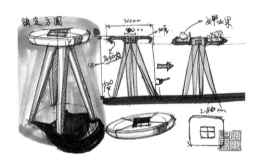

图 1-19 细节设计图（设计者：徐乐）

3. 材料选用与结构设计

结构包括家具零部件结构和整体装配结构。结构设计是家具设计的重要组成部分，家具结构设计的任务是研究家具材料的选择，零部件自身及其相互的连接方法和家具局部与整体的相互关系，它关系到安全使用、功能实现、生产工艺等核心问题，一件优秀的家具产品，结构处理得当可以降低成本、提高功效、创新形态。

不同材料的家具有着不同的结构方式。如实木家具的榫结合、胶结合、木螺钉结合、常用五金件结合的方式；板式家具的 32MM 系统，其连接方式是利用铰链、偏心连接件、导轨、圆棒榫等连接；软体家具的木质、钢制和塑料支架部分，分别采用薄型软体结构和厚型软体结构。

总而言之，结构的选择可以沿用，同时也可以创造，这需要家具设计师在大量的设计实践中积累和创造。

1.2.2 编制加工文件与产品打样

如图 1-20，加工图纸是工程师的语言，编制加工文件的目的是为了规范产品的加工标准，职业家具设计师不仅能进行新产品设计，同时也应该熟练掌握工艺文件的绘制和编制。编制加工工艺文件，以"饰架"为例，实木家具的加工工艺文件有：CAD 三视图、打样图、零部件加工图、装配图、生产工艺流程图、材料清单、结构图。

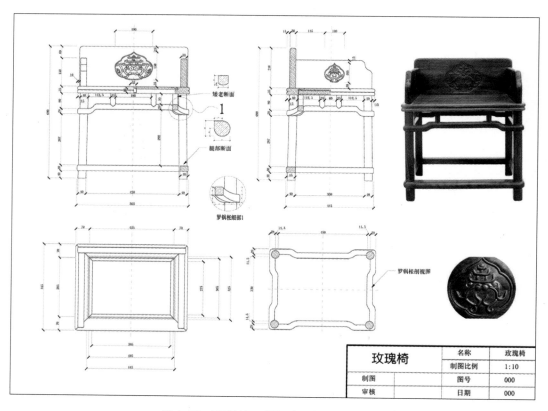

玫瑰椅	名称	玫瑰椅
	制图比例	1:10
制图	图号	000
审核	日期	000

图 1-20 玫瑰椅加工图纸（设计者：翟伟民）

有了规范的加工图纸就可以进行产品试生产，也就是我们常说的产品放样，既然是试生产就意味着要对放样后的产品进行评价和调整，一般来讲在进行新产品评估时应该由企业的设计部、销售部、技术部、生产车间等共同参与，综合考虑，全面评价，达成共识。

1.2.3　家具设计的创新方法

随着生活水平的不断提高，人们对家具的要求也越来越高，从原来的功能需求上升到了个性的、流行的、情感的、智能的以及可持续发展的等不同的家具表现风格的要求。同时，随着新材料和新工艺的不断推陈出新，人们的审美观念也发生了很大变化，这都给现代家具设计师提出了更高的要求，创新的家具设计理念成了各个领域设计所必须面对和深究的话题。如今，功能已不是制约设计的因素了，形式不必完全追求功能，而功能也不必完全让位于形式，这给设计者留下了足够的设计空间与设计想法，在家具的设计上就可以提出从不同的方面对家具进行创新性设计。下面我们将详细介绍四种常见的家具创新设计方法。

1.　视错觉设计法则

视错觉是常见的艺术创作手法之一，最初应用在视觉设计里，主要是人类在条件和环境的双重作用下在生理或心理上产生错误的视觉影像，而且往往难以克服和避免，而设计者就是利用这种巧妙而特殊的视觉效果改变空间层次和关系，从而达到人的视、感、知三者强化的目的，保障传播效果的有效性。

创新是设计的灵魂，产品要想让消费者买单，必须要有令人眼前一亮的创意，而思维定势是创新的绊脚石，限制了设计师的想象。视错觉借助思维定势，反其道而行之，反而成了创新的钥匙，它赋予常见事物以新奇和独特，打破思维定势，成为设计灵感重要的来源之一，如实虚视错觉的应用，有些事物从表象上看是消失的，虚无缥缈的，其实它是客观存在的。这种视错觉打破了传统的思维模式，使人们情不自禁地产生了关注和思考的欲望。

如图 1-21，这款名为 Fadeout Chair 的设计作品，是来自日本著名的 Nendo 设计工作室，椅子的四条腿由下至上，通过颜色的渐变，呈现出一种消失的感觉。椅子的靠背和座面都是实木

图 1-21　Fadeout Chair（设计者：[日] Nendo）

材料，腿用丙烯酸制作而成，颜色由专门的工匠来喷涂，使腿的木纹看起来渐渐隐去，整把椅子仿佛浸在雾中，轻轻地漂浮了起来。这款椅子的设计巧妙运用了视错觉设计法则，通过椅腿颜色的变化，来改变椅子与空间背景的关系，营造出一种漂浮的景象，让消费者的视觉得到强化，产生好奇心理。

2. 传承法则

传承的释义是将优秀的事物（学问、精神、技艺、教义等）传授并继承下去，家具设计也是一门经过历代师傅们的实践经验总结传递下来的技艺，故而传承法则也可作为家具设计的创新方法之一。这里所指的传承设计手法是将古人的造物手法和美学继承下来，并不一味地照搬移植，而是设计师通过自己的理解，加以提炼转化，让设计出来的家具产品更加符合当下人们的生活方式和审美，这才是真正意义上的传承。比如要设计一款新中式的椅子，并不是将一把椅子的靠背上雕刻了麒麟样式的图案，这把椅子就成了新中式的麒麟圈椅。

汉斯·韦格纳是丹麦最知名、影响力最大的设计师之一，他一生设计了 500 多件椅类作品，堪称是 20 世纪的传奇，他的作品不仅常被冠上"不朽"、"永恒"等美誉，更是世界各地设计博物馆必备馆藏之一。其中有一把名为 PP66 的椅子，如图 1-22，是他中国椅系列里最具代表性的作品，该作品的整体框架来源于我国的明式圈椅，如椅圈、靠背和联帮棍等形式元素。由于圈椅在等级制度森严的古代产生，避免不了受到礼仪文化的影响，圈椅一般是由家中主要的人来使用的，坐在上面的人需要保持端正的坐姿才行，所以圈

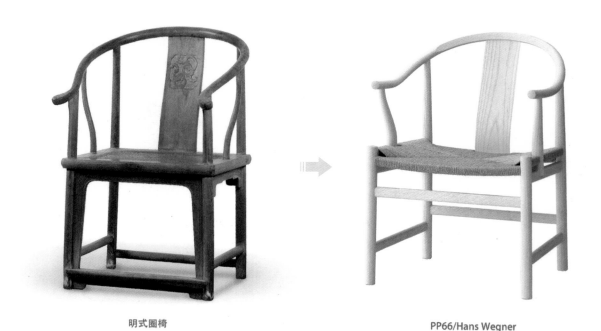

明式圈椅　　　　　　　　　　　PP66/Hans Wegner

图 1-22　PP66 椅子与明式圈椅对比图（1944 年 / 设计者：[丹] Hans Wegner）

椅坐起来并不是很舒服。汉斯·韦格纳考虑到这点了，他在设计这把椅子的时候，考虑了人机工学和椅子的舒适性，将扶手的坡度降低，让人的手臂靠在上面更加舒服，坐高也降低了，让久坐的人的双腿血液保持通畅。这是将中国元素很好地传承下来的一个经典案例，值得同学们学习和思考。

3. 功能的附加与延展法则

功能的附加与延展原先是产品设计的创新方法之一，用在家具设计上也是合适的。这个法则是由组合法则演变而来，组合法则又称系统法则、排列法则，是将两种或两种以上的学说、技术、产品的一部分或全部进行适当结合，形成新原理、新技术、新产品的创造法则。这可以为自然组合，亦可是人工组合。组合创造是无穷的，但方法不外乎主体添加法、异类组合法、同物组合法及重组造型设计上的创新等四种。我们这里所指的功能附加与延展法则主要是将家具产品的实用功能进行叠加，变成一个多功能的家具产品，另外，功能的延展是将产品的某些功能通过折叠、旋转等方式，转换成另一种功能。

在这个蜗居时代的现实环境下，"90后"人群面对着诸多生活难题，如居住空间狭小，追求时尚潮流，因更换工作经常变换居住地点，喜欢快速便捷的网购等。如图1-23，锁定方圆凳便是针对"90后"人群生活特点而设计，整个设计采用原木和亚克力材料，透明亚克力凳面很好地展示了内部结构，给人带来全新的视觉体验。凳面正放时，是一个轻巧的凳子；凳面倒置时，是一款置物凳，可放置钥匙等易丢失小物件。另外它的扁平化的包装设计让运输变得方便，喜欢上网的"90后"足不出户就可以购买，其连接方式

图1-23 锁定方圆的两种使用方式图（设计者：徐乐）

巧用传统银锭榫结构，整体无"金属连接件"，知其要领，奥妙无穷，徒手便可拆装，享受自己思考和动手的乐趣。该产品巧妙地运用了功能附加和延展的设计法则将坐具、边几和木质玩具进行组合，功能之间既有联系也有区别，让一个小小的凳子，在狭小的空间里发挥了巨大作用。

4. 结构创新法则

在家具设计中，我们一般根据家具的材料不同，将结构分为实木榫卯结构和板式五金件结构。结构创新法则便是将原有的结构组合方式打破，通过新的力学分析、新开发的五金件或 3D 打印等方式加以创新应用，将产品的牢固性和美观性提高一个层次。

如图 1-24，作品 Join Table 是一款可以徒手拆装的桌子，它的结构设计甚是巧妙，来源于我国传统的木作玩具——鲁班锁，鲁班锁最大的特点是拥有一个机关锁，其中有一根木头是钥匙，只有找到钥匙才能把整个鲁班锁拆开。而 Join Table 的设计者在设计之前认真研究了鲁班锁的原理，通过自己的理解将其造型改良升级，最后呈现在我们眼前的是一个可以动手拆装、结构精妙的桌子，再搭配上蓝色玻璃的面板，整个产品看起来更加简约时尚，又不失文化韵味。

图 1-24　Join Table（设计者：[德] DING3000）

1.2.4 家具设计的新趋势

随着经济的迅速发展，互联网技术的日益成熟，人们生活方式的逐渐改变，人们的生活水平也在不断提高，家具作为与人们日常生活息息相关的器物，也潜移默化地发生着变化。另外，新理念、新材料、新技术不断涌现，也都影响着家具设计的发展方向和呈现的可能。下面是对家具设计五个新趋势的总结分析。

1. 扁平化

宜家是全球第一个提出"扁平"概念的家具厂商，大部分家具采用扁平化的设计理念，通过榫卯结构或五金件等连接结构，简单操作便能实现组装。扁平化的结构形式，一般有充气式、折叠式和拼接式等，扁平化的设计不仅可以让狭小空间变大，还可以大大降低运输成本，更加适合网上销售。

2. 模块化

模块化产品设计方法的原理是，在对一定范围内的不同功能或相同功能、不同性能、不同规格的产品进行功能分析的基础上，划分并设计出一系列功能模块，通过模块的选择和组合构成不同的顾客定制的产品，以满足市场的不同需求。在家具设计的过程中，将家具的一些部件作为通用模块，另一些部件设计为可组合部件，根据使用者的不同需求，可进行任意组合，创造出多种可能性，在色彩上、空间上或功能上呈现多样性，让生活也变得更有趣味。

3. 人性化

设计应当以人为本，家具是供人使用的产品，人性化设计亦是一个家具设计发展的趋势。人性化要考虑到人的因素，分析消费者在购买家具时的心理感受和捕捉人在使用过程中对家具产品的需求，在设计的细节中，体现出对人的关怀，让家具产品透露出一种温暖的感觉。

4. 定制化

随着我国中产阶级的数量急剧增加，中高端消费群体逐渐涌现。国内越来越多的消费群体开始关注居家的整体生活艺术，旧式的成品家具已不能满足消费者对个性化生活的追求，人们更喜欢在居家生活中加入更多自主的创意与特色，这使得人们对全屋定制家具的需求呈现上升趋势。近年来，定制家具行业开始步入快速成长的发展阶段。

5. 智能化

在这个互联网的时代背景下，智能化是未来的一个必然趋势，智能化家具也正悄然出现在消费者眼前，如自动升降的办公桌，能够捕捉人的动作、变换灯光的智能茶几等，可以说科技改变了我们的生活方式。

02

第 2 章　家具设计与实验

037-068　2.1　家具设计基本原理与方法

069-087　2.2　家具设计的应用

088-111　2.3　家具设计的新趋势

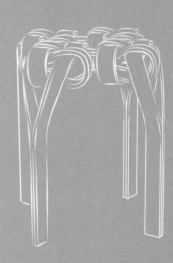

第2章　家具设计与实验

2.1　家具设计基本原理与方法

2.1.1　设计课题1"为了坐的设计"

课题要求： 从设计最基础的椅子入手来理解并掌握家具设计的基本原理。

案例解析： 家具设计基本原理与方法。

重点： 理解并掌握家具基本设计要素的应用方法。

　　从现代设计出现至今的大约150年里，椅子的发展变化可以说是一部浓缩的"家具设计史"。许多设计大师与名家对椅子情有独钟，椅子设计被誉为是设计师必须要过的一道关，是最基础的，也是最具挑战的。本篇将从一把椅子设计的案例开始入手来讲解家具设计的原理与方法。

1. 设计案例——十字枨家具

（1）设计背景

　　十字枨家具系列是由浙江工业大学之江学院的徐乐老师设计的，如图2-1、图2-2所示。设计师的选题来源于"蚁族"这一个群体，他们通常是"80、90后"刚刚大学毕业的低收入聚居群体。他们主要聚居于北京、上海、武汉、广州、西安等大城市的城乡接合部或近郊农村。"蚁族"绝大多数群居在狭小的空间环境里，需要一些必备的家具产品，主要是桌类和坐类家具，没有太多空间放置其他多余的家具产品。设计师希望为他们设计一些床边的凳子、茶几、边桌等必备家具来改善他们的起居，让他们的居住时间并不长的"家"也充满温馨与幸福。

（2）设计调研

　　通过大量的市场调研，对"蚁族"进行深入分析后，设计师发现大部分"蚁族"都有以下特征表现：①"蚁族"往往都受过良好的高等教育。②"蚁族"的月平均收入往往不超过5000元。③"蚁族"大部分出身于欠发达区域，毕业后往往急于奋斗努力回报父母。④"蚁族"基本由单身或未婚人士组成，往往还没有买房，年龄层集中在22~29岁之间。

图2-1　榫卯结构——十字枨1

图2-2　榫卯结构——十字枨2

由于"蚁族"群体的特点，他们绝大多数群居在狭小的空间内，只需要桌类或坐类这些必备家具，没有太多空间放置多余的家具，设计的范围集中在凳子、茶几、边桌等品类的家具。设计师接下来对"蚁族"起居空间的现状做了分析，以 2012 年的北京为例，居住在北京城乡接合部的"蚁族"平均居住面积仅为 6.5 平方米，远远低于北京人均 29.8 平方米的基本人均居住面积。在如此窘迫的空间环境内，他们的日常起居十分混乱，加之他们平时忙于工作无暇顾及卫生，他们的"家"绝大多数是"脏、乱、挤"。但"蚁族"这个年龄层的人恰恰是有个性，对审美相当有追求的人群，居住环境出现这种状况多半是出于无奈，如图 2-3、表 2-1。

至此，设计师已对该"蚁族"家具项目做出了相当明确的定义：①该系列家具每个部分可拆

研究背景

选题来源

"蚁族"群体继续存在
他们起居生活环境窘迫，迫切需要解决

研究的背景

1、从发展趋势的角度——多元化
2、从设计师的角度——原创性
2、从用户的角度——蚁族群体

图 2-3 设计调研

分组合，便于生产、运输与收纳，在必要的场合，甚至可以组合成新功能的产品以解决燃眉之急。②该系列产品外观应符合"蚁族"的审美价值观，要让他们感受到人性化的关怀和"家"的温馨。

解决途径：巧用榫卯结构，不用一颗螺丝钉，既使产品便于拆装，又体现环保。

设计调研 表 2-1

类别	分析
个性特征	思维相对比较活跃，热情奔放，善于幻想
生活方式	生活节奏很快，比较随意，一切从简，经常需要搬家
财政状况	大学刚毕业，工作不稳定，收入较低
居住环境	群聚状态，空间狭小，环境杂乱，缺少相应的家具和家电产品
业余生活	上网，看书，逛淘宝，打游戏，旅游
审美和喜好	追求时尚简约，新奇好玩，追求美的享受
生理和心理需求	注重感情和直觉，比较情绪化，自我意识较强
家具消费习惯	崇尚潮流，喜欢易于搬运，并有多种组合的家具，以符合他们追求个性化的特征；崇尚绿色环保

（3）概念草图

1）认知分析和消化

在设计初期信息量不够，设计思维比较浅显，要对概念进行较好的构思，首先要对类似产品进行理解、分析和消化：了解基本组成部分、大致的造型与功能以及结构与材质的普遍运用。

2）组合方式的选择

设计师为了达到节约空间、方便运输与功能延展的效果，对桌几的面与腿做了不同组合方式的设想。设计师认为，凳腿与边桌腿可以作为通用模块；凳面与边桌面大小不同，可以作为专用模块。根据使用者不同的需求可将模块与其他部件进行组合，扩展原有的功能。

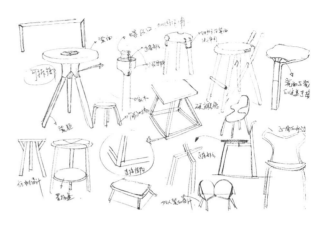

图2-5　概念草图2

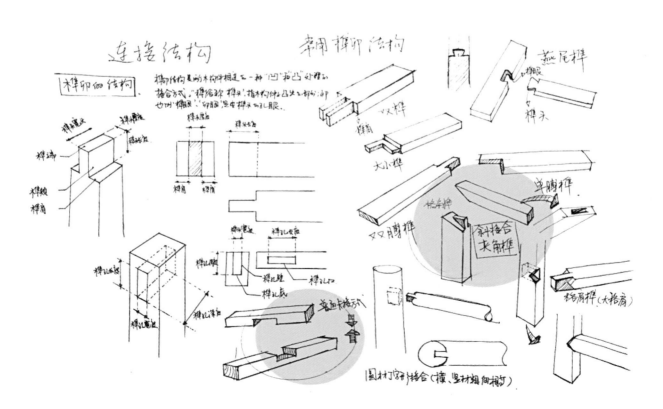

图2-4　概念草图1

3）连接结构的推敲

这是对榫卯结构的思考与推敲，以便设计师寻找到拼接的最佳方式，并对所选结构的强度、牢固性和受力情况进行分析与测试（图2-4、图2-5）。

4）材质搭配与形式美感

该系列家具的造型来源于明式椅中的牙板造型。牙板是明式家具中具有结构功能的装饰构件，主要起着承托的作用。明式家具中的牙板有不同的形制与不同的装饰纹样。形制上主要分为：平直形制、壶门形制与洼堂肚这三种形制。装饰纹样上一般可分为植物类纹样、动物类纹样与其他类型的纹样。"十字枨"茶几中腿部的造型灵感来源于壶门形制的牙板。从图2-6中可看出，设计师把牙板上"壶门形制"的曲线向上进行了拉伸，成为该系列第一款茶几中的造型。"Forms follow function"，造型的演变与递进往往是伴随着功能的需要而产生的，设计师之后为

了在茶几中增设收纳功能，在"壶门形制"的曲线上增加了两处凹槽用以添置一块搁板。

（4）效果图

在草图的演变与发展中，基本敲定作品的造型与结构功能。在所有的设计项目中，设计师都需要尽可能地在形式、结构和系列化中寻找到一种平衡（图2-7）。

图2-7 概念草图——效果图

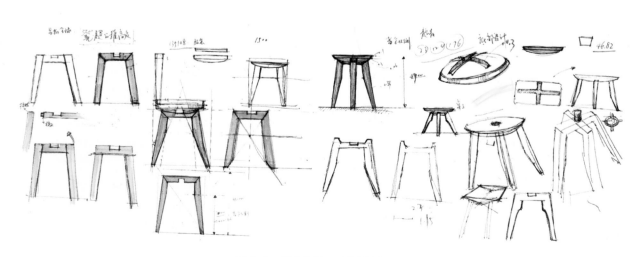

图2-6 概念草图——造型的发展

（5）三维模型效果图

通过三维模型图的展示，发现产品的外轮廓线条太过硬朗和单一，牢固性比较弱，需进一步地改进（图2-8）。

（6）模型制作

设计师通过对拼接凳粗模的制作，了解到实物制作工艺与预想的设计结果存在着差异，比如当时的十字卡槽的宽度设计为25mm，由于过窄，影响了拼接后的牢固度。通过与专业技师的沟通，调整了十字卡槽的宽度与凳面的厚度，却又发现如此的尺寸比例致使产品的形式略显笨重。最后通过增加凳面边缘的斜度来实现轻便化，如图2-9。

（7）评估与实物展示

根据对粗模的修改与调整，最后制作出实物产品，如图2-10。到此为止，设计基本上已告一段落。这时需要用户志愿者对实物使用一段时间后，对该产品提出修改意见，更进一步修改实物。在这个步骤中，设计师认为后续产品在成本的控制上、在人机工学的数据分析上、在结构的强度上都可以做细微的调整使产品更完善。

实物制作的结束并不代表设计的完成。设计师在设计后期需要做好平面表达工作，除了展示作品设计的整个过程外，还需让用户简单易懂地理解产品的使用方式及包装方式。总而言之，平面展示要突出产品的优点、特点。清晰的展示，吸引人的文字表达会起到广而告之的作用。有时花在设计展示上的时间往往不低于设计本身。

图2-8 三维效果图

图2-9 模型制作

图 2-10　实物展示

2. 知识点

（1）坐具设计的重要性

如果研究家具设计史，会发现可以"名垂青史"的家具有非常大的一部分是"坐具"。家具设计界有种说法，坐具的设计是最考验设计师基本功的，坐具也是最难设计的一种家具品类。

据统计，在美国有 4700 万人选择在家办公，这个数字每年更以 5% 的速度增长。在我国，一线经济发达城市里，近年注册的小型公司有 20%～30% 把办公地点选择在家。居住空间与生活空间的融合，使得坐具与人达到了前所未有的亲近。当然，在家庭环境中，每个成员对坐具的使用情况是不一样的。比如老年人对坐具的依赖是最大的，他们的生活空间基本都在室内。另外，3～15 岁的儿童和青少年，他们白天长时间待在学校或室内，也是坐具的高频率使用者。再者，上班族每天 8 小时的工作都建立在坐具的使用上。所以，我们可以说，撇开特殊职业或特殊需求，人的一生基本上 50% 的时间在使用坐具。坐具的使用频率之高、使用时间之久使得坐具的设计在家具设计中显得尤为重要。

（2）坐姿的研究

我们通过历史的发展变化，可以分析归纳出人类的"坐"姿的三种变化：①席地而坐；②离地而坐，如图 2-11；③垂足而坐。

在人类文明的初始之时，人们把动物毛皮、布或草席直接铺在地上打坐。这种"就地而坐"的姿势也大致划分为三种姿态：盘踞，跪，箕踞。盘踞是一种席地而坐时，双腿交叉靠在大腿内侧的坐姿。我们可以发现古装片中常会出现武功高手"盘踞"在地面上打坐修炼功夫，或是佛法大师"盘踞"在地板上打坐。跪，是一种屁股压在小腿上的坐姿，常见于日本"榻榻米"的使用姿势上。

图 2-11 韩熙载夜宴图 / 离地而坐
（五代·南唐 / 作者：顾闳中）

除了平整地面，在地面或地板、地砖上加附铺垫，古人也针对"就地而坐"的方式设计了许多低矮的几案，方便使用的时候搬来搬去。"就地而坐"是一种臀部与腿同时接触地面的姿势，基本使整个上半身的重量都压在了尾椎骨上，常常让人感到很累。战国时期以后，我们可以从考古的史料中发现"坐具"的高度在逐渐升高。一开始出现了"床"，比如战国时期的彩漆大床。坐的姿势并没有发生巨大的变化，但是腿离地面的距离越来越高了。后来床发展出了"榻"，甚至专用来供人独坐，以示尊贵，如图2-12，这些坐具离现代椅子的功能越来越近。

时间进入南北朝，在民族大融合的环境下，由西域传入一种叫"胡床"的折叠椅，也被称作是"马扎"。后来又把"马扎"加上靠背，发展出了"交椅"，这就是中国古代椅子最早的形制。

家具设计的变化和人们生活方式的改变往往是相互影响的，有时很难说清楚到底是器具的出现影响了生活方式，还是生活习惯影响了器具的设计。总而言之，无论器具来自何种文化，人们一定会选择使用舒适、方便的那一种。自从"椅子"出现后，数千年来"就地而坐"的习惯开始改变，家具高度升高了，建筑物的高度也随之升高。

"人为物本，物因人用"，我国古代的造物思想认为人在人与物的关系之间占据主导地位。这种人性化的观念充分表达了人本主义的理念——由人的根本需要来做设计。就坐具设计而言，首先必须考虑使用者的"坐"这一身体的自然状态，它关系到坐具的基本尺寸，头、颈、肩、腰、臀的可及范围及舒适范围，手及手臂的工作姿态及习惯和休息状态与范围，大腿、小腿和足部的着力承托位置和舒适范围。坐姿活动，包括一般性坐姿行为（一般工作和生活坐姿）、带有社会性意味的就座姿势（例如会客和社交场合采取的坐姿）和完全放松的各种姿态。此众多的坐行为中有一些是身体的自然需求而产生的姿态，而另一些则更多的是被行为人的社会属性所限定的。

图2-12　黄花梨三弯腿塌／坐姿的研究（明晚期的一种小炕桌）

（3）坐具设计的流程

坐具设计和普通的家具设计及工业产品设计的流程类似，要在市场需求的基础上，综合考虑造型、材料、工艺和功能等各种因素。家具设计的工作内容可以分为以下几大块：市场调研——造型及功能设计——结构设计——材料和工艺设计。通常家具设计师的设计流程顺序如下：设计调研——概念构思——概念草图——效果图——三维电脑模型——实物制作或打样——修改——产品生产。这些通用的设计顺序或流程是一个设计师在设计一件家具或一件坐具时必须要经历的。而若要设计一件成功的家具或一把成功的椅子，日本学者织田宪嗣提出了7个条件：①合乎用途；②结构牢固；③价格合理；④有艺术价值；⑤造型优美；⑥长久销售；⑦轻重适宜。他还提出了椅子的3个寿命，分别是：①结构寿命；②材料寿命；③设计寿命。

（4）椅子的设计方法

1）椅子的造型

芬兰的设计大师塔佩瓦拉认为，"椅子设计是任何室内设计的开端。"椅子的设计一旦做得游刃有余，其他家具的设计都是触类旁通，许多难点可以迎刃而解。椅子造型最重要的基本形态是抽象雕塑与微型建筑式，中国许多家具受清代家具繁复雕花饰风格的影响比较深，往往把注意力集中在装饰图案与雕花工艺上。成功的椅子设计的制造质量与使用功能往往都是紧密围绕联系在一起的。任何一个设计师在创作一把椅子的同时，也在解决椅子本身的特殊需求和功能。一方面，在实用设计的层面上，一把椅子的设计与创造要与人们心理与生理产生联系，与此同时，还必须联系使用者在知识、情感、美学、文化等精神层面上的特殊需要。另一方面，要考虑座椅的造型和材质，也就是要平衡设计与制造、工艺、结构之间孰重孰轻，处理好他们的内在联系。一把椅子看起来是一个实用的坐具，其中也包含着其他的功能性目的或美学上的考虑。从广义上看来，椅子的设计还涵盖了不同的意识观念、制造方式和经济学理论等更深远的范畴。无论从哪个角度去设计椅子，从设计师到制造商都必须与社会的需求结合起来，实用功能是椅子的最终目的。

2）椅子的人机工程学设计

在当下，没有任何一个工业设计产品在人机工学的应用发展和进步方面能超过椅子的。这在现代办公椅的设计上尤为突出。当代的设计师们大量应用现代先进技术来研究、设计与制造现代办公座椅，创造了许多符合人体工程学，美观、舒适又能提高工作效率的办公座椅。

如图 2-13，办公座椅的使用者往往长期坐在上面，如何解决最佳的坐姿问题一直是一个极富挑战性的设计课题。长期以来，在漫长的历史进程中，最佳坐姿的功能一直没有得到根本的解决，不同造型、不同尺寸的椅子支撑着人们的各种坐姿，在不同时间和不同场合，无论是用餐、办公、阅读、休息和等候，每一种坐姿都反映出它独特的角度，支撑着人们的不同坐姿。长时间的"坐"与不同的坐姿往往会使人们出现脊椎或颈椎疾病，一把好的符合人机工学的坐具甚至还包括对不良坐姿的强制矫正功能。大多数情况下，椅子必须帮助支撑人体坐下的重量，在座高上解决双腿的弯曲角度及与地面的接触等关系。坐是能带来损伤的，并不是永久安全的。传统的坐姿中，头部和躯干的重量会压迫脊椎和骨盆与臀部，随着坐姿时间的延长，这种对骨骼和肌肉的压力最终会使人感到不适，随着脊椎骨的压迫导致臀部的不舒服，于是人们始终在不停地变换坐姿。研究结果表明，这种变换的频率可达每 10～15 分钟一次。那么如何使人们的身体生理更加协调，并使人们坐得更舒适、更安全呢？一把椅子在人机工学设计上需要真正解决的是：使椅子更加舒适地支撑人体坐势，与人体更加吻合与协调，更加安全和健康。

3）椅子的用户心理学

保证正确的坐姿是重要的，特别是在现代办公座椅的设计与制造上，除了对人机工学层面的考虑外，椅子的设计还必须考虑到人精神层面上的要求和满足，要具有艺术内涵，要能符合人们的审美要求和流行时尚。在所有的家具类型中，椅子具有独特的个性。对于椅子的使用者来说，椅子代表着社会政治经济地位，椅子在外

图 2-13 "Aeron"系列网椅——人机工学椅
（1994 年 / 设计者：[美] Herman Miller）

观上，在给人的视觉印象上必须和使用者的身份相符合。如哥特式的主教椅、路易风格的国王椅、中国皇帝宝座的龙椅，以及老板办公室里豪华与舒适的大班椅。但国王椅或"龙椅"为凸显气派，如图 2-14，椅面往往很大，使用者往往只坐了三分之一的面积，这种椅子使用的时候是不舒适的。为了达到象征性装饰风格的追求，椅子在设计和制造过程中常常以牺牲实际的使用功能和经济性作为代价。

4）椅子设计的多样性

现代椅子设计从 19 世纪中期开始发展至今天，由于科学技术的发展，产生了多种多样的椅子设计和不同功能，也使椅子的设计演变成没有固定模式的设计。时间、地点的不同，使用功能也不同，一把椅子的设计上设计师们可以有多样化的设计解决方案。同时，对某一特定的功能设计师也可能会有一些相似的设计方案。对椅子设计的基本原则是什么，不同的设计师都会有自己的观点以及自己的设计方式和目标。但是，无论如何，功能和美学是优先目标，同时还要兼顾制造。

图 2-14 清朝龙椅

在过去的 150 年里，产生了许多椅子设计的经典案例。在多数情况下，一个有意义的设计创造除了功能和美学外，还要考虑制造工艺、材料应用和产品结构，以及市场因素、使用对象和最终成本等因素。不同的椅子强调不同因素的组合关系，它们取决于设计师在不同时间、环境下的优先考虑和利益需求。由于社会是在不断变化和发展的，顺应历史合乎潮流的合理解决方案也是在不断变化的。在一定时期内是合理的应对，但相对于另一时期可能就是相反的。正如"时尚"的改变一样，从一个时代到另一个时代都有着不同的文化，对设计的流行因素也在变化，人们不断地期望着更加舒适的椅子和更加多样化的设计期望值。因而促使椅子有了更多的功能和不同文化背景的设计解决方案。

甚至有许多优秀的椅子设计对现代家具产生了巨大的影响。例如马歇尔·拉尤斯·布劳耶（Marcel Lajos Breuer）在 1923 年创作的瓦西里钢管椅，如图 2-15；

图 2-15 瓦西里椅 Wassily chair
（1925 年 / 设计者：马歇尔·拉尤斯·布劳）

阿尔瓦·阿尔托（Alvar Aalto）在 1931 年创作的帕米
欧 41 号热弯胶合板椅，如图 2-16；查尔斯和蕾·伊姆
斯（Charles & Eames）在 1945 年创作的有机造型模
压夹板椅，如图 2-17；乔·科隆博（Joe Colombo）
在 1965 年创作的休闲躺椅。可以说，这些极富创意的
原创设计是一种发明和探索，与当时的新技术、新材料
建立了许多有效的联系——极大地推动了设计方法的进
步，而且带来了新技术和新材料的应用。从管状金属材
料到热弯成型胶合板和浇铸成型热固性塑料等，都取得
了突破性的进展。

图 2-16　帕米欧 41 号热弯胶合板椅
（1931 年 / 设计者：阿尔瓦·阿尔托 Alvar Aalto）

①扁平化设计

扁平化理念在如今的家具设计中成为一种趋势，可以
随处见到，瑞典宜家家居是全球第一个提出该概念的家具
类厂商。"扁平化"提倡化繁为简，认为设计的视觉效果
要由厚重变为轻薄，由复杂变为简单。设计师通过造型、
色彩、材质、符号、比例或肌理等视觉语言，以最简单
的方式准确到位地传达出信息。家具中常见的扁平化手
法有以下几种：①拆装组合设计。这是一种通过将连接
件或结构部件设计成便于拆卸和组合，使用户能够快速
实现安装和拆卸的设计手法。"十字枨家具"就是此种手
法的典型设计。②多用途设计。一件家具具有多种功能
的转换性。当使用环境或人发生改变时，原来的家具通
过结构形式的改变可以衍生出另外一个功能。一般来讲，
折叠式与充气式设计是扁平化设计中用的较多的手法。

图 2-17　伊姆斯椅 Eames chair 摇椅
（1950 年 / 设计者：[美] 伊姆斯夫妇）

②多种材料的结合

家具材料发展至今，一切材料的应用都成为可能。
各种高技术、新工艺的运用，使家具的材料可以进行分
子设计甚至是生物降解。制作家具的材料包罗万象，主
要有天然材料、人造板材、竹、皮革、布、海绵、金
属、玻璃、塑料等。木材是最原始的，能够就地取材的
一种，中国人对于木的喜爱程度非常高，可以说中国的
建筑史和家具史就是一部木文化的历史。木材不仅仅是
一种坚固、易加工、颜色肌理丰富的材料，它本身还传
承着一种文化习惯，代表着一种简朴与回归自然的理

念。当然，家具的价值往往也从木材本身浓浓的手工气息以及它的厚重感中体现出来。量产化的工业时代中，实木家具尤其显得珍贵，这也代表着一种审美情趣。在"十字枨家具"设计中，设计师为了体现慢生活，为了迎合"90后"群体的审美情趣，选择了榉木与樱桃木作为椅腿的主要材料。为了突出现代感，为了在视觉上做出层次与变化，也使得产品有更多的选择，在椅面上客户可以根据自己的喜好来选择，比如亚克力、苹果皮、水泥、皮革等材料。

③ "十字枨"结构

如图2-18，该系列的所有茶几与椅子，为了运输的便捷全部采用了可拆装的方式来组合"腿"与"面"，以适应产品的扁平化包装。"扁平化"是一种家具设计的趋势。"扁平化"的大部分家具产品都采用了扁平的板式包装，可以通过简单操作进行家具组装，在运输上节约了空间也节省了成本。为了达到这一目的，设计师采用了十字交叉作为椅腿站立的基本形式。他巧妙地借鉴并添加了一种榫卯结构——格肩榫，使椅腿在交接的时候不容易扭动，坚固耐用。

3. 设计实践

设计一款以实木为主，可搭配其他材料并且能够实现扁平化包装的坐具，可以用拼接或折叠的方式来实现扁平化。

图2-18 十字枨家具

2.1.2 设计课题2 "来自自然的形态"

课题要求： 了解家具造型设计的原则与意义；理解并掌握家具的基本造型要素；

从自然界中观察提取设计元素进行设计创造。

案例解析： 造型形式法则与设计解析。

重点： 理解并掌握家具的基本造型要素在设计中的应用方法；设计元素提取方法与设计应用。

1. 设计案例——万物生椅子

（1）设计背景

我们可以从这件作品的外观中看出，这是一件讲究造型细节及制作工艺的作品。事实上，设计师徐乐老师在设计与制作该作品时耗费了大量精力在整体造型比例的把控以及曲线曲面的曲率确定上。这件作品超出了传统意义上可大批量生产的家具消费品，它更像是一件工艺品，代表着一种审美态度，一种细节追求。

（2）概念手绘图

万物生系列椅子的概念来源于老子《道德经》："道生一，一生二，二生三，三生万物"，由这句话可以联想到"线条"在成长的路径：生根、发芽甚至交叉。椅子的造型以此为灵感，衍生出发散与聚焦、细节与整体的有趣变化。图中的手绘稿展示出设计后期的定稿，产品本身的大造型与比例基本已确定。设计师通过马克笔在签字笔线稿上涂上颜色，并且铺上背景，可以说这是一种手绘方式的效果图（图2-19，图2-20）。

（3）造型来源

如图2-21，该椅子的整体造型灵感来源于明式圈椅。把手、椅圈及椅腿上的造型借鉴了明式椅子椅圈和鹅脖的柔美线条。造型传承了明式家具简洁明了的线条感，起承转合，收张有利。可以说"万物生椅子"处处都是扭动的曲线，仔细观察细节图的话，可以发现坐面采用的是曲面的

图2-19 概念手绘图

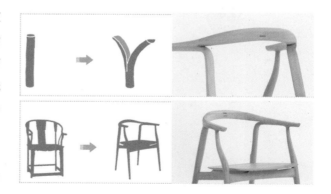

图2-20 灵感来源

设计，并且是两个维度的曲面，这对制作工艺及成本上也是一个挑战。从背后观察椅圈，可以发现椅圈与椅腿整体的曲度在任何角度观察都是不一样的，整个椅圈就像是鱼背的造型，设计师在椅圈的后面增加了一个渐消面，使得后圈很顺畅地与椅子前腿连接在一起，椅子后面的两条腿在形式上好像是从椅圈上"劈叉"生长出来的。椅圈、椅腿的整体造型非常有机，线条流畅，让人感觉"万物生"系列椅子好像是大自然中生长出来的一样。椅面下方的横撑一般会采用"围合"的形式来设计，该椅子的设计采用了颇具现代感的"K"字形设计，使椅面下方的空间也显得更为"透气"，在视觉效果上使整把椅子看上去非常轻便（图2-22～图2-24）。

长度（long）	宽度（wide）	高度（high）	体积（volume）	重量（weight）
597mm	484mm	760mm	0.22m³	4.8kg

▼ *Detail display*

图2-21 万物生椅子

图2-22 场景渲染图

图 2-23　实物效果图 1

图 2-24　实物效果图 2

（4）三维模型制作

在这个作品中，造型细节的把握及曲线曲度的调整光靠手绘设计稿是无法全面表达清楚的。工业设计中的大部分产品都不是只靠一两个人就能完成全部的制作。大部分的产品要靠多个技师的合作来完成打样，如何使所有参与制作的人都明白设计外观的细节，如何使所有人都看懂设计，设计图纸非常重要。比如在这把椅子的案例中，在椅圈的哪个高度曲线要发生变化，椅面的弯曲到底从何处展开，设计师光靠手绘图是完全不能向第三方说明问题的。草图与手绘图只能作为设计师思考的结果，而且，就算设计图纸非常详尽，也常常会产生理解误差。

设计图纸一般有草图、手绘效果图、电脑效果图与三视图。在制作电脑模型时，设计师往往也依靠软件来观察或调整产品的造型。可以说，

电脑模型的制作是实物模型制作前最强大的验证产品造型的手段。

（5）三视图

在没有电脑的年代，三视图是帮助制作人员理解设计的非常重要的辅助手段。三视图顾名思义是一个物体分别从三个视角观察后画出的图纸。如图2-25，三视图分顶视图（Top view）、正视图（Front view）与侧视图（Right view），也就是一个物体从正上方、正前方、侧面分别观察后的图形。三视图一般只采用黑色线条来表达，并可以加粗外形的外框线以示美观。三视图的绘制最重要的是要保证图形对物体的比例与形态叙述的准确度。在图形边上要标注尺寸，有时候图形并不能完全准确表达物体外形的比例，这样就便于制作人员从数据上核实物体实际的尺寸比例。

图 2-25 三视图

如今的设计师都有强大的三维设计软件支持设计工作。就工业设计而言，如 Rhino、3D Max、AutoCad、Solidworks 等，Rhino 软件有强大的曲面造型能力，Solidworks 更适合结构设计与 3D 打印。只要建立好了模型，现在的三维设计软件几乎都能自动生成三视图。

（6）模型与实物制作

1）精雕油泥

所有工业设计的产品都需要制作模型来验证造型的合理性。在《万物生椅子》这个案例中，出现了大量不同曲率的线条与曲面，平面与三维的图纸都无法完全交代作品的细节。所以在最开始，必须由设计师本人把握作品的造型，用精雕油泥将各个细节与曲线的弯曲表达给制作人员。图 2-26 可见，椅子的框架已经基本制作完成，但还需要设计师将椅圈处的造型用油泥表达出来，让制作人员能够真正明白。制作人员看懂之后，再用木工工具手工修整椅圈的造型。

2）部件连接

该系列椅子有以下几个部件组成：椅圈（扶手）、四条椅腿及椅面。椅腿与椅圈的整个框架结构采用了传统的榫卯结构连接了起来。整个框架结构看似为一体，后方的两个椅腿好像是从椅圈"生长"出来一样。榫卯结构的各个连接点是设计的关键，这些连接点位置的选择往往会影响到整体造型的流畅感以及椅子的牢固度。从上图可以看出，椅腿巧妙地在椅圈扶手"劈叉"的后面与整个椅圈进行了连接，把重心转移到整把椅子的后上方，确保椅子的牢固度。弯曲的椅圈并没有采用曲木工艺来完成，而是分成了四块部件进行连接组装。这是因为曲木工艺一般都会选用"片"材，而椅圈每处所展现出来的弯曲和弧度显然不能靠一片木材来表现。部件与部件之间的连接在榫卯结构的基础上还使用了白乳胶增加牢固度。

如图 2-27，该椅子椅面的制作采用了 CNC 雕刻来完成。CNC 又称为数控雕刻机，能在各种平面的材

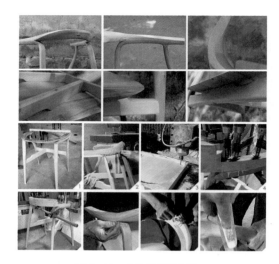

图 2-26 实物模型的制作 1

图 2-27 实物模型的制作 2

质上进行雕刻，二维雕刻、三维雕刻均可以完成。在上文中我们提到，这把椅子的椅面是两个维度的弯曲，如要使用传统的"热弯"工艺难度极大。CNC 雕刻在加工行业应用的非常普遍，加工耗时久，费材料，但是精准度高，所以一般成本较高，通常应用在小批量生产或打样阶段。但也有像 Apple 苹果公司那样不惜成本，把整块实心镁铝合金板材做 CNC 雕刻的。目的是为了让笔记本电脑 MACBOOK 的外壳不使用一颗螺丝而呈现出一体化的流畅造型（图 2-28）。

2. 知识点

（1）家具设计中的基本造型要素

家具设计中的造型是人们对设计关注的非常重要的一个因素。可以说，很多的冲动消费是由产品的外观造型而驱动的。100 年前的包豪斯已把造型的构成要素解构地非常彻底，家具设计落实到产品中也不外乎如点、线、面、体、色彩及质感等。设计师的任务是用对比与统一、数理与比例、对称与平衡等造型手段，把这些构成元素分解与组合，在选取及拆与合的过程中符合一定人群的审美准则。

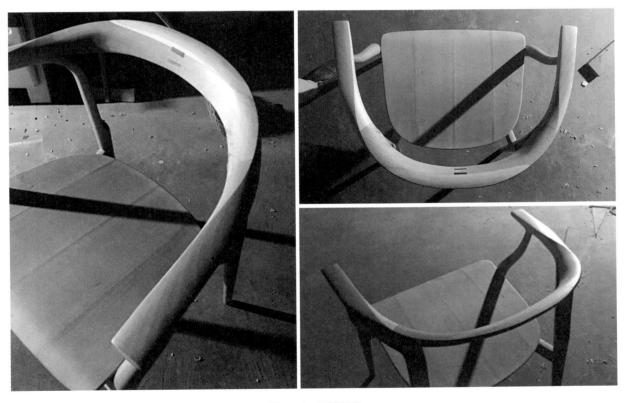

图 2-28 设计展示

家具造型在实际设计过程中没有一种固定的模式，根据现代美学原理和传统家具风格把家具造型方法分为抽象理性造型方法、有机感性造型方法、传统古典造型方法三大类。

1）抽象理性造型方法

抽象理性造型方法以现代美学为出发点，采用纯粹抽象几何形为主的家具造型构成手法，具有简练的风格、明晰的调理、严谨的秩序和优美的比例，流露出刚强而爽朗的心理意识，在结构上呈现几何形的模块及部件的组合（图2-29）。这样的设计方法非常有利于大工业标准化批量生产，它不仅适应多种功能的要求，在空间效用和经济效益上发挥充分的实际价值，所以抽象理性造型手法是现代家具造型的主流，在视觉美感上表现出浓厚的现代精神。理性造型方法采用几何形为主，不同线形和形体可赋予家具多种性格表现。水平线有宽广平衡、宁静安定感；垂直线有向上端正、挺拔支持感；斜线有突破上升、活动变化感；正方形家具有端正感；长方形家具外观可有变化，适于各种功能的需要；梯形上小下大，能显示出一种重量感和支持感，按照梯形轮廓构成的家具造型，存在着良好的支持效果。这种造型手法是从包豪斯年代后开始流行的国际主义风格，发展到今天的现代家具造型手法。

2）有机感性造型方法

有机感性造型是以具有优美曲线的生物形态为依据，采用自由而富于感性意念的有机形体的家具造型设计手法。造型的灵感往往来源于优美的生物形态或现代雕塑，结合壳体结构和塑料、橡胶、高级棉麻等新兴材料应运而生。有机感性造型涵盖非常广泛，它突破了自由曲线或直线所组成形体的狭窄单调的范围；可以超越抽象表现的范围，将具象造型同时作为造型的媒介；运用现代造型手法和创造工艺，在满足功能的前提下，灵活地应用在现代家具造型中，具有生动、有趣的独特效果。感性造型方法也可以采用模拟与仿生的手法。模拟是较为直接地模仿自然形象或通过具象的事物形象来寄寓、暗示、折射某种思想感情。利用模拟的手法具有再现自然的意义，具有这种特征的家具造型，往往会引起

图2-29　红蓝椅
（1917年／设计者：[荷]赫里特·托马斯·里特维尔德 Gerrit Thomoas Rietveld）

人们美好的回忆与联想。仿生设计是指从生物的现存形态受到启发，模仿生物合理存在的原理与形式，将其应用于产品某些部分的结构与形态（图2-30）。

3）传统造型方法

古为今用、洋为中用，通过调研、欣赏、借鉴中外历代优秀古典家具，可以清晰地了解到家具造型发展演变的脉络，从中得到新的启迪。中外历史上杰出或伟大的家具设计师的优秀造型和流行风格，是全世界各国家具设计的源泉。传统造型方法是在继承、学习传统家具的基础上，将现代生活功能和材料结构与传统家具的特征结合起来，设计出我们所处时代具有传统风格式样的新型家具。高档古典家具以其独特的造型款式和精美工艺，在今天仍然受到人们的喜爱并占有一定市场份额。现代古典式家具用计算机仿真制造技术可以大批量复制生产，从前只有皇宫贵族才能享用的古典高档豪华家具，如今也可走入爱好此风格的中上层阶级家中。

（2）点线面在家具设计中的应用

在家具造型中，柜门、抽屉上的拉手、锁孔、沙发上的泡钉以及家具上的小五金装饰件等，相对于整体家具而言，它们都以点的形态特征呈现，是家具造型设计中常用的功能性附件。在家具造型设计中，点往往用于表现家具的特征，聚焦人们的视点。

在家具设计中，线构成了家具的造型轮廓，也构成了基本的风格。线的表达不仅是抽象的，也可以通过家具的制造材料来实现，诸如：木材、积层板、金属、塑料、玻璃。线可独立成为家具表面的装饰，也可以融入到家具的结构之中，更多的情况是两者都有。主要表现线形的家具部件有：家具的腿、板件的边线、门与门、抽屉与抽屉之间的装饰线脚、板件的厚度封边条及家具表面织物装饰的图案等。

面在家具造型中运用的最为广泛的是面的分割设计。柜类家具的表面，如门、屉、搁板及空间的划分都是平面分割的设计内容。分割设计研究的主要是整体和部分、部分和部分之间的关系，也是运用数理逻辑来表现形式美的

图2-30 蛋椅
（1995年/设计者：[丹麦]安恩·雅各布森
Arne Jacobsen）

一种方法。它一方面研究某些常见的而又容易引起人们美感的几何形状，另一方面则探求各部分之间获得良好比例关系的数学原理。美的分割可以使同一形体表现出千变万化的状态来，对加强形态的性格具有重要意义。对许多柜体而言，常常由于功能、材料或工艺的要求，必须将柜体的立面做不同的分割，处理为柜门或抽屉，以满足实际的功能使用要求，同时获得美的感受。柜体的立面分割，就美的构成法则而言，是使分割的面与面之间表现出明显的相似性与依存性。所谓"相似性"是指它们的比例相同，"依存性"则是指它们的对角线相互平行或垂直。依此进行的立面分割可以使整体与部分、部分与部分之间具有良好的比例关系，获得美的造型感受。家具表面分割设计要符合特定的功能、用途等要求；要满足表现形式的需要，即形与形之间的相似性和依存性以及面积的均衡与协调；要考虑材料的性能与结构的限制。

（3）家具设计中的色彩

家具设计中的色彩往往体现在以下一些方面：

1）木材的固有色

木材从古至今一直是家具的主要用材。作为一种天然材料，木材的固有色是体现天然材质肌理的最好媒介。木材种类繁多，固有色非常丰富，有淡雅、细腻的，也有粗犷的，总体而言这是一种温馨自然的暖色。在家具设计的应用上也常常覆木蜡油或透明涂饰来保护或加强固有色的呈现。

2）家具的油漆色

大多数家具都需要表面涂饰来提高装饰性和耐久性。涂饰材料分为透明与不透明，透明的常常用于高档珍贵的木材家具，以突显其材料本身的质感。不透明的会将家具本身材料的固有色完全覆盖。油漆的色彩极其丰富，在低端的木材家具、一般金属家具、人造板材里用得比较多。

3）人造板材的贴面

现代化的大批量家具生产大多都是以人造板为主要材料。这些胶合板、中纤板及刨花板通常需要进行贴面处理。贴面材料与油漆一样，选择极为丰富，有高贵的天然薄木贴面，也有仿真印刷的纸质贴面，最多的是防火塑面板贴面。

4）家具配件的色彩

家具制造中常常要用到金属和塑料的配件，特别是钢家具。钢管通过电镀、喷塑可以得到金、银及各种色彩。通过各种成型工艺加工的塑料配件，也是形成色彩的重要途径。

5）软包织物上的颜色

家具的生产往往离不开软性材料的应用，比如床垫、沙发、躺椅、软靠等家居产品。这些软包织物上的色彩往往在家具中占有较大的面积，非常容易引人注目，所以其对床、椅、凳或沙发等家具的色彩起着主导作用。

（4）家具设计中的质感与肌理

每种家具制造用的材料都有其特有的材质与触觉体验，可以称之为质感。肌理是物体表面的组织与构造，它可以细微地反映出材料的差异。常用的家具材料有木材、石材、金属、竹、玻璃、塑料、皮革和布艺等。这些材料都有其本身的天然质感，根据其本质不同，可以用不同长度、强度、肌理的材料在设计中组合应用。同一个材料，不同的加工工艺可以得到不同的质感。比如对木材的各个切面（横切面、纵切面与弦切面）进行切削加工，得到的木纹是不一样的。又比如，玻璃有喷砂玻璃、浮雕玻璃、镜面玻璃或彩色玻璃，不同的加工得到不同的表面效果。

（5）家具造型的模拟与仿生

模拟与仿生是工业产品设计中老生常谈的一个造型借鉴手段。大自然中任何一种动物、植物，无论造型、结构，还是色彩、纹理都具有一种与生俱来的天然和谐的美，家具设计的造型可以在遵循人机工程学原则的前提下，运用仿生或模拟的手段，借鉴自然界中某种形体或生物的原理和特征，结合家具的具体造型和功能，进行造型提炼和设计。

模拟是一种较为直接的模仿自然形象来进行家具造型的设计方法。一般分为三种模拟方法：

1）整体造型的模拟

把家具的整个外形模拟塑造为某一自然形象，有写实模拟和抽象模拟。一般来说，由于受到功能、材料、工艺的制约，抽象模拟是主要手法，注重模拟对象的精神而非整个外形。

2）局部造型的模拟

主要出现在家具的某些功能构件上，如脚架、扶手或靠板等（图2-31）。

3）表面装饰图案的模拟

多用于儿童家具和娱乐家具中。

仿生是先因生物的现有形态受到启迪，在原理方面进行深入研究，然后在理解的基础上再应用到产品某些部分的结构或形态中。

3. 设计实践

运用形态仿生设计方法设计一款椅子，形态需要高度提炼原形，进行演变转化，达到自然优美和形神兼具的效果。

图2-31 模仿DNA双螺旋结构的"沃森"椅
（设计者：[德] Paul Loebach）

2.1.3　设计课题 3　创造美的结构

课题要求：了解掌握家具常用结构，不同材料、构造的加工工艺。通过拼接结构设计扁平化家具。

案例解析：结构解析，优秀案例分析。

重点：对家具结构的掌握与实际应用。

1．设计案例——结·座

（1）设计背景

　　这是一把由竹片编织制成的椅子，竹子在最近几年一直是环保材料里的主流选择之一。设计师利用了竹子的强度与韧性，对该材料做了研究，利用竹片的编织工艺做出椅面的视觉效果。编织后的竹子所特有的张力使得椅子能够很好地支撑起人的重量。设计师龚巧琳是台湾憩作团队的一员，她的这件设计作品曲线流畅，编织交错，由特有韧性的台湾孟宗竹制成。椅面以层层相扣编织的方式呈现，"万字节"的编织方式作为单元结构。"万字节"造型属于中国结，"万"也常写作"卍"，"卐"原为梵文，被视为吉祥万福之意。以"卍"字向纵横延伸互相连锁作为椅面，椅腿即是编织后的流利的收尾，意味着永恒连绵不断，繁与简的巧妙结合让整张椅子松弛有度，落落大方，如图 2-32。

图 2-32　作品实物图

（2）概念草图

　　设计师最初尝试采用最简单的中国结编织手法，要把两根完整的竹子进行组合。从草图的最右边的部分可以看出，那是中国结最小的单位（图 2-33）。

（3）方案的衍生

　　本作品的重点与难点在于中国结的编织方式有许多种，到底哪种编织方式能够使椅子的结构最牢固，使人坐起来最舒适。这需要设计师不断制作模型验证方案的可实施性。设计师在这里使用塑料管来替代竹子，因为塑料管便宜，同样也可以满足热弯加工的加工方法。从图2-34中可以看到，作者制作该设计作品主要是通过制作模型的方式来发展造型、验证结构与功能的。这种以研究材料与制作工艺为主的设计方向，实验与制作模型阶段尤为重要。作者一开始只是用塑料管来制作草模，尝试各种编织所呈现的效果，并且确定这种编织的方式是否能够承载人的重量。当得知实验结果是正面的后，开始制作大比例的模型，发现椅腿部分需要加厚才能起到更好的支撑作用。这次的模型制作较为精细，包括横撑的造型与支撑点的高度的位置，都基本有了结果。

（4）效果图

当设计师从塑料管模型的实验中得出结论，选好心中最满意的方案后，便用 Rhino 软件绘画出模型图。之后把模型渲染出来，并且做出第一批具有渲染氛围的展示效果，如图2-35。

（5）三视图

椅面的造型最后采用了最简单的中国结编织方式，重复四个后连接在一起。这把椅子的重点在于编织的工艺、材料的选择及功能的实现。视觉呈现的效果不错，造型上没有太多复杂的地方，所以整体造型比较容易理解。从每个角度看，形式都没有太多的变化。

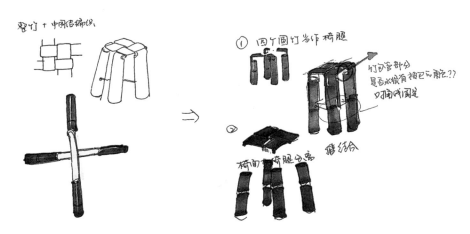

图 2-33　概念草图

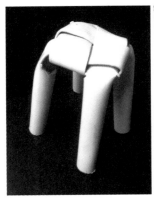

图 2-34　方案的衍生

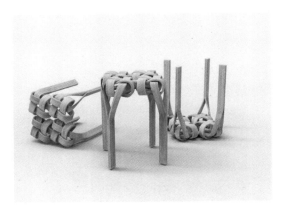

图 2-35　渲染效果图

（6）模型制作

这里的模型不是指上文用来验证方案的小比例模型，而是指代打样阶段的实物制作。

竹材具有诸多优良性能，毛竹以其天然优越的物理性能，被誉为植物钢筋，毛竹韧性好，可大幅度弯曲，绝对是工程结构的理想原材料，但由于竹子中空有节，粗细不均匀，使竹材工业化加工利用的技术难度比木材加工的难度要大得多，木材的加工方法、加工工艺、加工设备都不能直接用于竹材加工，因而竹材的推广有所受限。

竹片是竹子由原竹转化而来的最直接的材料之一，纹理清晰简洁，强度高，韧性好，具有极好的形态塑造能力，以此为基础的家具设计带来的舒适的视觉效果能给室内增添不少活跃的气氛与流畅的曲线。

竹片材在家具设计和室内装潢中都是不可或缺的一种材料，目前对竹片材弯曲的使用停留在两个方面：一是火烤加热弯曲，属于纯手工，精准性欠佳，效率不高，不适合批量生产。二是与曲目弯曲的技术类似，使材料弯曲成型，常见的有蒸汽加热与微波加热，以竹集成材的形式组胚生产。在中国大陆，相关的理论研究并不完善，但是在中国台湾这方面的数据已经相当充分，并且已经可以达到精确数据化的量产。

如图2-36，加热弯曲法比较适合细节处理的弯曲加工。加热弯曲法常采用火烧加热法，或是热风枪加热。为了避免加热不均导致烤焦，加热时有许多讲究的技巧方法。竹材的含水率是影响火制工艺的关键因素，过于干燥较容易断裂，湿度适中（10%左右）才利用烤弯。

软化常采用的方式有：水热蒸煮软化、水浸微波软化和高温蒸汽软化三种方式。竹材的纤维是纵向排列的，在顺着纤维的方向易于弯曲，但如果要对竹材进行更加复杂的弯曲或是要进行批量生产时则需要软化处理。

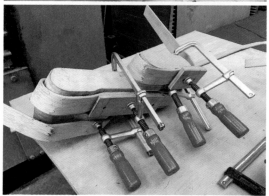

图2-36 模型制作——竹子的热弯工艺

（7）评估与实物展示

实物的展示往往也需要细节图或特写图来突出作品的肌理与材质。这种突出手工艺，非常有特点的作品需要传达手艺的温度与作品的美好。而细节图片往往最能体现工艺水平，如图2-37，读者可以从中仔细观察材料的肌理颜色，感受到作品饱满的质感。可以说，特写图是营造氛围的最好手段之一。

2. 知识点

（1）家具的结构

在制作产品前，我们需要预先规划、确定或选择连接方式、构成形式。

家具产品的结合方式多种多样，有优点也有缺点。部件接合的方式是否合理，会直接影响到产品的牢固度、稳定性，有时也决定了产品的加工难度以及造型。产品的零部件要用原材料制作，而接合部件的材料往往会不同于主材料。这种差异将导致连接方式的不同。家具是一种实用产品，必须要有一定的稳定性。由于使用者的喜好不同，家具产品具有各种不同的风格类型。不同类型的产品有不同的连接、构成方式。相同的产品，也会采用不同的连接方式。家具是一种商品，连接方式的不同会影响到家具在生产制造、运输、销售过程中产生的经济成本。

1）实木家具

实木家具也称框式家具，它以榫接合的框架为承重构件，板件设于框架之上的木家具。在实木家具中，方料框架为主体构件，板件只起围合空间或分隔空间的作用。传统实木家具是不可拆卸的。现代实木家具既有整体式的，也有拆装式的结构。整体式实木家具以榫接为主，拆装式实木家具则以连接件接合为主。

①榫卯结构

结构的连接方式有很多种，但是能够不用一钉一铆，将两块木质结构通过凹凸结合的方式严

图2-37 实物展示

密扣合起来的家具工艺世间少见。但在我国却由来已久，这种形体构造的巧妙组合叫作榫卯，如图 2-38。

古代连接两块木件的结构方式主要通过榫卯来完成，这样做的好处是严谨稳固，而且还有奇妙的装饰作用。这种榫卯的制作称得上是慢工出细活，对匠人的技术提出了极高的要求。可以说，榫卯结构在人类传统家具制造史上堪称奇迹，是我国工艺文化精神的传承。

榫卯结构的类型（图 2-39）：

可按榫头的形状分：直角榫、燕尾榫、椭圆榫、圆榫。

可按榫头的数目分：单榫、双榫、多榫。

可按榫头与方料的关系分：整体榫、插入榫。整体榫是直接在方材零件上加工而成的。

可按榫头与榫眼、榫槽接合形式分：开口榫、半开口榫、闭口榫；明榫、暗榫。

②方榫接合的技术要求

要使榫接合紧密牢固，同时要使加工、装配方便，方榫接合的榫头长度和榫长度均应与木材纤维方向一致。榫、眼之间的配合则应是：榫头宽度与榫眼长度为过盈配合，即榫头宽度比榫眼长度大 0.5mm ～ 1mm；榫头厚度不榫眼宽度为间隙配合，间隙量为 0.1mm ～ 0.2mm；榫头长度与榫眼深度为过度配合，其公差为 ±3mm。榫头厚度通常为方材厚度（宽度）的 1/3 ～ 2/5。当榫头厚度（宽度）大于 40mm 时应改为双榫。在确定榫头厚度时应将其计算值调整不方套钻规格相符的尺寸。如 6、8、9.5、12、13、15 等几种规格。

③圆榫接合技术要求

圆榫是现在较常见的插入榫，主要用于板式家具部件之间的接合与定位，也可用于实木框架的接合。作为独立榫，用于制作圆榫的材质应选用密度大、无节无朽、纹理通直，具有中等硬度和材性的木材，一般用青冈栎、柞木、水曲柳等。圆榫含水率比家具用

图 2-38　榫卯结构

图 2-39　各种榫卯结构的类型
（设计者：[日] Li Lu）

材低 2%～3%，以便施胶后，圆榫吸水而润胀，增加接合强度。圆榫与圆孔长度方向的配合应为间隙配合，即圆孔深度大于圆榫长度，间隙大小为 0.5～1.5mm；榫、孔的径向配合应为过盈配合，过盈量为 0.1～0.2mm。

2）板式家具

板式家具指以人造板为基材，以板件为主体，采用专用五金连接件或圆榫连接装配而成的家具（图 2-40～图 2-42）。

①板式家具的主要基材

中密度纤维板（简称中纤板）、刨花板、胶合板、细木工板、三聚氰胺板等。板式部件的形式一般可分为两种：实心板、空心板。实心板主要以中纤板和刨花板为芯板，表面饰贴装饰材料，如薄木、木纹纸、PVC、防火板、转印膜等。

②板式家具的结构

板式家具的基材是人造板，决定了板式部件的连接只能采用圆孔连接。若产品为拆装结构，则用五金件来连接。现代五金连接件的种类繁多，已超过万种，为了便于管理，国际标准化组织于1987 年颁布了 ISO 8554、ISO 8555 两项家具五金件分类标准，将其分为九大类：锁、连接件、滑道、位置保持装置、高度高速装置、支承件、拉手和脚轮。在板式家具设计中，应根据板件的连接需要合理选择五金件。从纯结构的角度上，常用的五金件主要有坚固件、活动件和支承件等。板件的连接方式最终应根据板件结构、产品结构、加工设备与工艺等综合因素而定。

图 2-40　现代板式家具结构

板式家具不采用实木家具中较为复杂的榫卯结构，而采用圆孔接合方式。圆孔的加工主要是由钻头间距 32mm 的排钻加工完成的。为获得更好的连接而诞生的"32 系统"，成为业界家具的通用体系，现代板式家具结构设计均要求采用"32mm 系统"规范执行。板式家具的连接品外形尺寸必须符合 32mm 的倍数，这一尺寸在具体设计过程中，可由结构孔来调节。

在现代家具中，旁板是核心部件，因为家具中几乎所有的零部件都要和旁板发生联系。如顶（面）板连接左右旁板，底板安装在旁板上，搁板搁在旁板上，背板通过戒钉插在旁板上，门的一边要和旁板相连，抽屉的导轨也要装在旁板上。因此旁板的加工位置确定后，其他部件的相对位置也就基本确定了。

③板式家具的紧固连接

紧固连接是利用紧固件（结构连接件）将两边零部件连接后，相对位置不会再发生改变的连接。它是目前板式家具的主要连接形式。常用的连接方式有：偏心式（偏心连接件）、螺旋式（四合一连接件）、拉挂式（圆柱螺母连接件）等。

④板式家具的活动连接

活动连接是利用连接件连接两零部件，使他们之间可以产生相对位移的连接，常用的连接件有铰链、抽屉滑道、趟门滑道等。

旁板与门的连接以铰链中的暗铰链为主，也通过合面连接。常用暗铰链有直臂、小曲臂和大曲臂之分，分别适用全盖门、半盖门和嵌门，以 35mm 直径的产品为主，开启角度 90°～180°。

顶板、底板与门的连接。家具的门，除采用转动开启方式外，还可用平移的开启方式。转动方式可用门头铰，移动方式则用趟门滑道。门道主要由滑轮、滑轨和限位装置组成。

抽屉与柜体的连接。抽屉是贮藏家具中常见的部件之一，抽屉与柜体旁板的连接，一般采用适用于 32mm 系统的各种抽屉滑道。根据滑动方式的不同，抽屉滑道可分为滑轮式、滚轮式和滚珠式；根据安装方式的不同，又可分为托底式和中嵌式；根据抽屉拉出柜体的多少，又可分为单节道轨、双节道轨、三节道轨等。

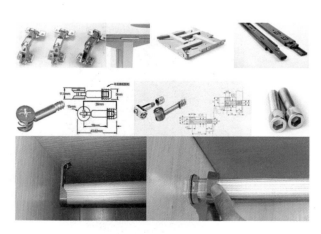

图 2-41　各种板式家具的连接

图 2-42　现代家具中的结构和连接

⑤板式家具的支承连接

板式家具除固定连接、活动连接之外，还有一种是处于两者之间的连接——（半固定）支承连接。常见的支承连接有搁板旁板的连接，玻璃层板旁板的连接，以及挂衣杆（棍）旁板的连接等。

（2）家具结构设计的原则

1）材料性原则

材料的性能往往决定了家具结构设计的走向，对材料性能的理解是家具结构设计所必备的要素。不同材料，其构成元素、组织结构不同，材料的力学性能和加工性能就会产生差异，零件之间的接合方式因此表现出各自不同的特征。

实木家具的构成形式有框架结构、榫卯接合等。框架可以由线型构件构成，是由于木材干缩湿胀等特性使得实木板状构件难以驾驭。榫卯接合的方式也是依靠木材的组织构造和黏弹性所提供的条件达成的。

人造板尽管克服了木材各向异性的缺陷，但由于木材的自然结构在生产过程中已被破坏，力学性能大为降低，因而榫卯结构对人造板来说几乎无法达成。但人造板幅面尺寸统一的优点为板式家具的连接开辟了新的途径，圆孔连接的方式是板式家具最佳的连接方法。

在现代家具的结构中，木家具以榫卯接合为主；板式家具以连接件接合为主；金属家具以焊接、铆接为主；竹藤家具以纺织、捆绑为主；塑料、玻璃家具以浇铸、铆接为主；有的玻璃家具以铰接为主。根据家具的材料选择接合方式，是结构设计的有效途径。

2）稳定性原则

家具结构设计的主要任务是保证家具在使用过程中的牢固稳定。作为一种实用型产品，家具在使用过程中会受到外力的作用。家具的结构设计要根据产品的受力特点，运用力学原理，合理构建产品的支撑结构，以保证家具的正常使用。

3）工艺性原则

加工设备、加工方法是家具产品生产的技术保障。部件的生产是形的加工，也是接口的加工。接口加工的精度与经济性直接决定了产品的质量和成本。因此，在设计家具的结构时，要根据产品的风格、档次和企业生产条件来合理设计接合方式。比如木质家具生产在工业革命以前，只能采用榫接合，自从蒸汽技术运用于家具生产后，零部件就可以一次成型，不仅简化了接合方式，更能使产品的造型更流畅、简约。板式家具的生产，由于其使用高精度的加工设备，因而可以采用拆装结构。因为圆孔加工使用钻头间距为 32mm 的排钻，所以板式家具的接口应使用 32mm 系统的标准接口尺寸。

4）装饰性原则

家具不仅是一种简单的功能性产品，也是一种广为普及的大众工艺品。家具的装饰性不仅由产品的外部形态表现，更重要的是由其内部的结构决定。家具产品的形态是由产品的结构和接合方式赋予的。如榫卯接合的实木家具充分体现了线的装饰艺术；五金连接件接合的板式家具，则将美感表现在面、体之间的变化上。

各种榫卯、五金连接件本身就是一种装饰件；而暗铰链、暗榫等外表不可见的连接件，能使产品形态更加简洁；接口外露的连接件不仅具有本身的功能，还有点缀造型的作用。尤其是明榫，能使家具更具有自然、朴素、古老的审美感。

3. 设计实践

通过对中国传统榫卯结构的研究和探索，演绎出创新的榫卯结构，然后运用此结构设计出一款多功能茶几。

2.2 家具设计的应用

2.2.1 设计课题 1 陪伴——儿童家具设计

课题要求：通过了解儿童心理、生理特点，进行儿童"成长"家具设计。
案例解析：对国内外优秀产品进行分析。
重点：儿童心理、生理特点及"成长"设计。

童年与老年是我们每个人都必然经历的阶段，当前由于我国二胎政策的实行以及人口老龄化问题的日益凸显，人们对于儿童与老年人日常使用的家具产品越来越关注。这两个人群在使用家具时，其心理与生理的需求也是不一样的。本专题分两个课题，课题 1 为针对儿童的家具设计的探索；课题 2 是针对老年人的家具设计探索。

1. 设计案例 ——有意思的帽子凳儿 cap & chair / hat & chair

（1）设计背景

有意思的帽子凳子是设计师田雪的原创作品。现于清华大学美术学院建筑环境艺术设计研究所，清华美院家具设计研究所。在 2016 年的 11 月，设计师田雪实现了在中央美术学院家居产品设计专业毕业后第一个原创作品系列。有意思的帽子凳子 cap & chair 系列灵感来源于棒球帽。把一顶帽子戴在了小圆凳上，戴上帽子之后，它不再是一个普通的小圆凳，瞬间可爱了很多（图 2-43）。在 2017 年她完成了有意思的帽子凳子系列二——温暖可爱的 hat & chair，灵感来源于毛线帽儿。

对于前期的设计调研，出于对儿童家具设计的趣味性原则和情感角度、儿童家具安全性原则以及色彩对儿童家具的影响等综合考虑，设计出一系列带有童趣的家具凳子。有意思的帽子凳儿 cap & chair / hat & chair 的设计角度主要是在舒适实用的基础上再加入了有意思的设计元素。把每个家庭必备的小圆凳子变得卡通化，充满了更多趣味性。

图 2-43 有意思的帽子凳儿系列之一 cap & chair

图 2-44 头脑风暴草图

图 2-45 cap & chair 效果图

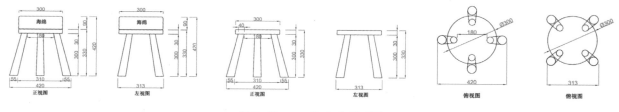

图 2-46 cap & chair 尺寸图

图 2-47 cap & chair 实物图

（2）概念草图

如图 2-44，设计师灵感来源于棒球帽，从最初的设想头脑风暴草图到选择其中几个草图造型进行方案深入。

（3）效果图

通过大量的草图绘制，选择适合的造型，进行对具体方案的效果图绘制（图 2-45）。

（4）尺寸图

在进行完效果图绘制以后，进行尺寸图的绘制（图 2-46）。

（5）模型制作

在制作 cap & chair 系列时，经多种材质的尝试，最终选用非常舒适的坐面材质结合了帆布面料和高弹海绵，同时帆布帽可以摘换方便清洗，在炎热的夏季你还可以获得一把清凉的小圆凳。在日常使用中，可以将两个凳子堆叠，节省储存空间，如图 2-47。表面处理以环保工艺彩漆，一共有七种颜色，清爽活泼，充满童真。

hat & chair 系列选用冰岛毛线与白橡木的搭配，突出手作之美的同时，hat & chair 与 cap & chair 相比，可爱之中更多了一分冬日的温暖与温馨之感（图 2-48）。

图 2-48　hat & chair 系列完成图

（6）评估

cap & chair 系列中每个凳子就好像一个卡通人物一样，都在张扬着自己的个性。或许它们更像潮范儿青年，在空间中尽显着与众不同。运用现代的设计语言，迎合了现代都市人群的生活状态。相信不少小公举和小鲜肉已经被清爽活泼的 cap & chair 系列所深深吸引！同时，家具本身也透着浓浓的童年趣味，适用于各个年龄段怀有童心的人。

hat & chair 系列采用回忆起妈妈打毛衣的场景，"慈母手中线，游子身上衣"，每一针都表达着一份关爱与温馨，对于家具而言，除了做到舒适、安全、环保外，设计还要满足消费者的精神需求（图 2-49、图 2-50）。

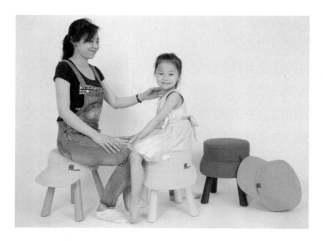

图 2-49 cap & chair 场景使用图

图 2-50 hat & chair 系列完成图

2. 知识点

二胎政策的实施以及多数家庭中倒金字塔式的人口模式，使得儿童成为一个家庭的焦点。而我国儿童家具在家具市场仅有 10% 的占有率，远低于儿童人口占全国总人口 16% 的占有率，儿童家具市场潜力巨大，随着二胎政策的放开，人们居住条件的改善，越来越多的儿童拥有自己的居住空间和家具。在做儿童家具设计时不了解儿童的需求，就不可能设计出优质的儿童家具。因此，在设计时要理清儿童需求与家具功能的关系，得出儿童的真实需求，即儿童的生活起居需要家具提供的功能，并组织合理的设计元素去开展产品研发。国内多数儿童家具企业在设计时没有把握儿童的真正需求，这一现状还待改变，基于儿童需求的家具设计理论与方法也须完备。

（1）儿童认知发展阶段

儿童在成长过程中，根据认知、行为和意识的变化，可划分为以下三个阶段，如表 2-2。

（2）儿童家具设计的要点

家具是功能的载体，造型则是家具与功能的媒介。在设计儿童家具时，应充分考虑儿童理解力与家具的紧密结合，满足以下的几个要点。

1）安全舒适

作为儿童家具，其基本要求便是在于"用"，学前儿童皮肤、骨骼稚嫩，同时天性对很多事物充满好奇心，在好奇心的驱使下往往活泼好动。具有很强的探索精神，然而又缺乏自我保护能力，不具备预估事物危险性的能力，所以在设计家具时首先要考虑其安全性，具体为其材质、结构、造型、工艺等的安全舒适特性。安全舒适是设计儿童成长家具的首要要求。首先，在材质上应优先选择天然环保材质，软硬度适中，触觉、视觉良好。在家具表面应尽量少用有潜在危险的涂料或装饰物件，以避免儿童出现偶发伤害。其次，在结构上应该稳固而且耐用。为防止儿童的误吞，家具的零部件不能过小，且对于家具的孔

儿童认知发展阶段	表 2-2

年龄阶段	认知发展
0～2 岁的婴儿期	儿童主要靠本能反应去认知环境和事物，动作发展处于逐渐协调的过程
2～6 岁的学前期	儿童动作协调性较高，灵活性增强，记忆力和注意力有很大提高。周围事物在脑中形成各种印象，想象力丰富
6～15 岁的学龄期	活动以学习为主，大脑已经具有初步思想意识，心理发展趋向成熟

洞直径要有讲究，最好大于或小于儿童手指尺寸，以防夹伤儿童。儿童喜欢玩耍蹦跳，也喜欢搬挪物品，因而儿童家具需要考虑其重量、重心及动态受力情况，以避免家具发生崩塌倾覆。为避免儿童跌倒撞伤，家具表面的各个边缘尖端要进行圆滑处理，不留有危险的突出物。最后，在工艺上要着重考虑儿童玩游戏的使用情况。比如，为防止儿童玩捉迷藏游戏时躲进封闭的柜体家具，其表面应适当留有透气孔；为防止抽屉或门夹伤儿童，其连接部位应设有制动装置，应禁止使用自动关锁结构；为防止家具部件跌落，视高以上的家具部位则不应设置能够分离的家具模块。

如图2-51，凳子无论是外形整体还是细节都是圆圆的边，没有过于尖锐的棱角。这些小细节在儿童家具的设计中显得尤为重要。只有这样，儿童在使用时或坐的时候才不会受伤，同时在玩耍的时候也更为安全。

2）行为习惯培养

儿童以游戏的方式接触周边的事物，基于这样的特点，儿童家具可以集"用"、"玩"、"学"于一身。"用"是物质功能，即儿童家具的基本功能，"玩"和"学"是精神功能与意义，即儿童家具的附加功能。附加功能最主要的用途就体现在行为习惯的培养和趣味性这两方面。具备这两点的儿童家具才能够与儿童开展积极的情感互动，促进其精神意识的全面发展。

如何达到行为习惯的培养与养成，就儿童的成长初期而言，对于家具的操作应简单易用，同时在操作过程中，加强指示性设计，简单明了，这样的设计对于培养儿童养成良好的生活、行为习惯会有很大的帮助。

学前儿童对外界事物很敏感，有强烈的动手操作欲望，成长式儿童家具在他们眼中不仅仅是家具，更多的还是玩具。就儿童而言，简单的结构造型不仅能够降低暗藏的危险，而且对于儿童认识事物也是一个很好的激励。儿童在使用和摆弄家具的过程中，简单易用的家

图2-51　hat & chair 的圆角细节

具容易使儿童产生成就感，有助于其自信心的增长也具有益智性。面对越来越多的衣服、玩具、书籍，收纳的习惯与能力也成为学龄前儿童需要慢慢学习的一项技能。如图2-52、图2-53，所示的抽屉柜，家具的功能标识清楚，鼓励儿童物归原处，对儿童搭配和收纳服装起到很好的提示作用。使用形式活泼的简笔画图形和结构作为标签进行标识，提醒儿童分类和找寻物品的方法，有意识地完成衣物的分类整理。

图2-53　Training Dresser 柜子使用场景图
（设计者：[美] Peter Bristol）

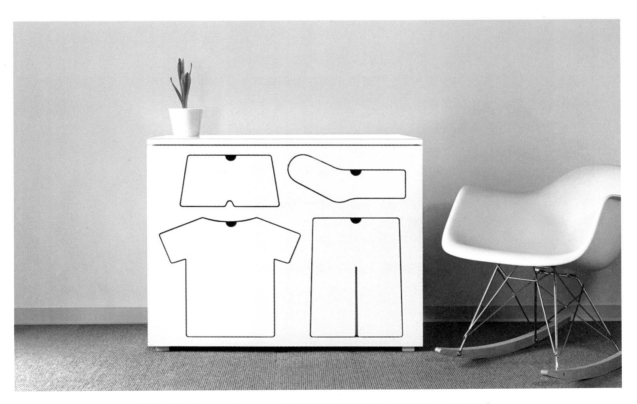

图2-52　Training Dresser 分类收纳柜子（设计者：[美] Peter Bristol）

3）趣味性

"玩"和"学"是儿童家具设计的精神功能与意义，而趣味性是让儿童去进行"玩"和"学"这一行为的驱动力。具备趣味性的儿童家具能够与儿童开展积极的情感互动，促进其精神意识的全面发展，从而更好地去"玩"与"学"。

儿童以玩游戏的方式去接触周边的事物，在为儿童设计家具时，应对家具形态和使用方式上加强趣味性。选择儿童喜闻乐见的造型能为儿童带来使用的乐趣，或给予儿童温馨与爱护的感觉。如图2-54、图2-55，在外观造型上，采用了儿童喜欢的可爱卡通造型，采用活泼扭动的线条，增强了儿童想要去探索的好奇心，也增强了儿童与柜子之间的亲切感，幽默风趣地表现出一种儿童喜爱的形式，激发了儿童愉悦、兴奋的情感。

趣味性和行为习惯的培养，一定程度上能够彰显儿童家具的精神品质，延伸其附加功能，实现与儿童情感互动，促进儿童思维、智力、认知、想象等方面的发展，满足儿童更高层次的需求。

家具设计趣味性地体现可采用的方法有功能植入法、仿生拟人法等。功能植入法是指将一个事物的具象功能或抽象功能运用到另一个事物中，使其具有前一事物的功能特征或寓意。仿生拟人法是指仿造动植物的形态，并赋予其人的灵性，体现出一定的思想情感和内涵。

4）组合变换性

学龄前儿童处于一个快速成长的时期，学习和人际交往开始成为生活的中心，其生理和心理的成长变化均较快，考虑到儿童的成长特点，儿童的家具尺寸、功能都会随年龄的增长而发生变化。儿童的组成空间往往需要休息、学习、游戏等多项功能，因此在家具的设计时应考虑到功能的多样性转变来适应儿童的生理、心理的成长。组合变换是可成长设计的核心内容。成长式家具的组合变换其意义比较广泛，既包括拼合、多功能，又包含可拓展、可调节。

学龄前儿童行为从低龄儿童的爬、钻、滑、摇、画画等逐渐转向以休闲和学习为主，采用功能多样化与复合化零件的简单连接的方法，或者采用相同部件的不同组合形式拓展功能和延长使用寿命。设计中应考虑儿童成长过程中的群体和合作行

图 2-54　幽默风趣的柜子
（设计者：[加] Judson Beaumont）

图 2-55　幽默风趣的柜子
（设计者：[加] Judson Beaumont）

为，使用相互契合的形态，使各自独立的形态通过契合形成新的统一整体，从而达到扩展功能价值的目的。例如：图 2-56，AKIYUKI SASAKI 于 2010 年设计的幼儿园的桌子为儿童提供了游戏与交往的平台，同时桌子可供儿童随意摆放，满足个人和群体使用时的需求。

5）色彩的影响作用

从人的认知角度来说，色彩是优于图形被感知的元素。家具的色彩可以引发儿童适当的兴奋感，激发儿童游戏的欲望。

国内的儿童家具，常用高纯度、明快的色彩来吸引受众。但多变的色彩在激发孩子的想象力和热情的同时，也会对儿童的视力及视神经发育产生影响。研究表明，长期处于大面积的鲜艳色彩中的儿童，视神经发育及情绪会受到很大程度上的不良影响。柔和的色彩环境，如与无彩色搭配，或与中性明度、纯度的过渡色，如粉色、果绿色等搭配，可减少对视神经的刺激，提高儿童

注意的稳定性。国外儿童家具设计更偏向于大面积使用原木色、锈色、碳色、白色，局部搭配彩色的配件以增加整体的活泼感，彩色软装饰便于更换，更能适应儿童年龄变化带来的色彩喜好变化，易与家庭整体环境搭配。

优秀的儿童家具设计应以"儿童"为本。通过研究学龄前儿童的认知和行为方式，找到其认知行为的特点，在家具设计中借助有意识地加强功能体验、行为暗示、审美情趣，避免过度装饰，并预留重新组合和功能拓展的结构等形式，满足儿童在不同环境与时间上的不同需求，将教育寓于生活环境中，才能对儿童产生有益影响，同时迎合学龄前家长对家具的需求。

3. 设计实践

在基于对"儿童"群体的了解基础上，进行儿童"成长"家具设计，分别从趣味性，行为习惯培养以及组合多功能角度出发，进行创意设计。

图 2-56 可任意组合的幼儿园桌子（设计者：[日] AKIYUKI SASAKI）

2.2.2 设计课题 2 关爱——老年人家具设计

课题要求： 了解家具的无障碍设计的方法，针对老年人设计无障碍家具。

案例解析： 综合分析国内外优秀的老年人家具产品。

重点： 老年人群的心理与生理特点与设计构思。

1. 设计案例——仗椅

（1）设计背景

设计仗椅的设计师为独立产品设计师、体物品牌创始人赵云。曾连续两年获得金点奖和家具风尚大奖金奖，于 2015 年成立体物家居设计品牌及个人工作室。在他的观点中，何为设计有度？设计有度的这个度对他来说就是设计要适度，不娇柔，不造作，有关怀，有温度。

"坐"这一行为，是我们每个人每天都必须完成的一个动作行为，而老年群体，随着年龄增加，容易疲惫，坐的时间相对就会更久，更多。而在久坐之后想要起身时，需要腿部及腰部施力，来完成从坐到站立这样一个转化的动作。对于老年人来说，由于腿部力量的衰减，往往会出现不能完成一次性轻松站立的行为，而需要借助拐杖等工具。仗椅的设计就是此现象的解决方案（图 2-57）。

图 2-57 仗椅

（2）概念草图

推敲椅子扶手的造型与结构，确定椅子的外形风格为简约的现代设计风格。思考如何将拐杖与扶手结合设计，确定扶手上翘角度以及扶手与靠背连接方式（图 2-58）。

（3）效果图

确定扶手与靠背及椅子整体细节，扶手上翘5mm，将起身时的"握"与"撑"的结合动作简化为只需"撑"的单一动作，更好地迎合老年人站立时的特殊需求。此外扶手与靠背的顺滑连接给人一种流畅的美感（图 2-59）。

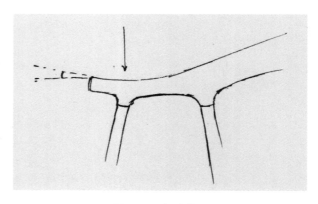

图 2-58 概念草图

（4）尺寸

在设计椅子的时候，结合了人机工程学尺寸数据。调研选取了男子的标准身高为175cm，当坐高为455mm时，双脚能平放于地面，并且此时的靠背着力点位于腰部往上第三、第四节脊椎骨，是腰部的最佳支撑位置，让使用者觉得舒适安稳。经过多次的试验之后，最终确定仗椅尺寸为540mm×510mm×750mm（H）（图2-60）。

（5）模型制作

仗椅材料的木制部分采用美国白橡木或者胡桃木，坐垫部分考虑选用丹麦羊毛面料或牛皮（图2-61）。

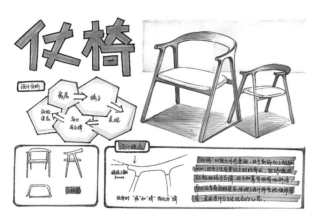

图2-59 效果图

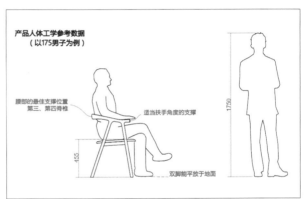

图2-60 人机工程演示图

图2-61 实物图

（6）评估

仗椅的设计，在考虑到老年人的行为方式对家具稳固性和安全性要求的基础上，家具的造型避免了尖锐形状从而防止老人磕碰，保证老人使用时既安全又便利。同时，功能上辅助老人完成起身的基本活动，椅子对老人的站立起支撑帮助作用，坐具的坐面高度等基于人机工程原理，合理舒适。仗椅的扶手前端向上微翘了5mm，当坐者需要站起来时，手握处就像拐杖把手一样给手最贴合的单纯向上支撑，只要放松手指，往下用力就行，而不用紧握把手，担心手向前滑出，充分地考虑了使用者从"坐"这一行为转变到"站"这一过程的无障碍实行。

老年人的审美也是老年人家具设计中很重要的一个方面，仗椅充分照顾到了现代的老年人自己的审美，有的老年人并不想被贴上"老年人"的标签，与普通其他的椅子有什么过于明显的区分。当坐者的胳膊放在扶手上时，胳膊也会自然地落在弧度的最低端。而且从扶手到靠背，这把以"拐杖"命名的椅子有着富有张力且顺滑的过渡，从而以最少的材料给坐者最端正且放松的姿态。简洁的外观设计，现代的风格，给老年人日常清理活动带来了方便，也给老年人家中的家具带来了现代感与年轻的活力感。既有家的温馨，又兼具功能性和实用性，提升了他们的生活品质。

（7）实物展示（图2-62）

2. 知识点

2014年，我国60岁及以上老年人口达到2.12亿，占总人口的15.5%，这个规模跟现在的欧洲三大国（德国、法国、英国）的人口总量是相当的。按照目前的趋势发展，可以预计，到本世纪中叶的时候，我们国家60岁及以上老年人口可能达到4.5亿～4.7亿，这取决于今后的出生率包括生育政策的调整。

图2-62 实物场景效果

老年人也越来越受到人们的关心和社会的重视。家具也与老年人的日常生活密不可分。在为老年人设计家具时，为了有针对性地服务于老年人，设计之前，需要了解老年人在居家环境中的行为以及生理、心理上的特征。

老龄人群由于自然规律的作用，身体能力下降，使得他们在社会中成为相对弱势的群体，在其退休后，居家生活的障碍问题会更加集中体现，这些问题很多都和使用的家具产品有关。

如果设计人员能很好地设计出适合的家具产品，将极大地方便他们的日常生活。家具是否符合使用者要求对他们的生活质量影响极大。要做好老年人家具的设计，首先应该深入细致地调查和科学分析，总结老年人的行为特征，尤其是在日常生活中的表现，功能上尽可能地符合老年人行为能力和生活习惯。在此基础上的家具设计可以真正做到有理有据，为目标人群的生活解决实际问题，实现生活质量和体验的实质性提升。

（1）老年人生理特征分析

结合表2-3，针对老年人的生理状况，如视听觉的衰减，在与他人沟通时大声才能听清，在拿取物品时需要体积较大的物体才能引起其注意力，所以在日常设备中应避免过于依赖听力的产品。同时颜色相似区分度不大的家具产品也应尽量避免，家具的体积也不应过于小，易给老年人的辨认带来影响。

老年人生理特征分析   表2-3

部位		问题
身高		比年轻时要矮一些身体尺寸会发生退行性变化
肢体活动能力	肢体关节活动范围	关节老化导致肢体活动能力减弱，肩关节、肘关节活动能力均低于正常水平
肌肉力量	手部握力	年老时人体肌肉力量的下降十分明显
健康状况	视力	老花眼，辨色能力下降，眼调节能力下降，对环境和物品的细节不敏感或者难以分辨；弱光环境下视物能力下降，且色差分辨不清，近似色容易搞混
	听力	听力衰退
	颈椎	颈椎问题导致颈肩酸痛，上肢无力，手指发麻
	下肢障碍	腿脚不便，轻度可拄拐或人搀扶行走，重度需轮椅

（2）老年人心理因素

人每到了一个年龄阶段，心理总是会有一定的起伏和变化。老年人的心理特点表现在他们容易产生孤独、失落、恐惧心理，并且敏感、固执，有时候还比较容易情绪化，适应周围变化能力降低，导致老年人对产品消费形成一些习惯，其突出表现为：

1）失落感与孤独感

离退休是老年生活的重大变化，老年人从持续了几十年的工作状态突然转变为赋闲在家，从而感到无所事事，心绪不定，极不适应。随着时间的推移，这种失落感也会逐渐淡化，当渐渐找到了闲适的生活方式也会趋于消失。

孤独感是老年人常有的心理感受，离退休后离开热闹的工作环境，回归了平静的家中，多年的同事难得一见。子女成家立业，忙于工作而无暇顾及父母。社会上新接触的人，多为陌生人，职业差异大，共同语言少。这些都是造成老年人孤独心理的原因。

2）惯性思维与怀旧心理

老年人积累了丰富的生活和工作经验，形成了个人看问题、分析问题和解决问题的立场，人生观、价值观、道德观也基本定型，形成了比较固定的思维方式，有些老人继续沿用传统的思维方法，将理论停留在过去的时代来认识现代的新生事物，这种惯性思维就会让旁人感觉是一种僵化保守、偏执、故步自封。

同时，新事物与观念的不断出现，让有些老人产生怀念过去的心理，这也是发展心理学范畴中老年心理研究的问题之一。如不少人怀念 20 世纪 50 年代，在那个年代虽然物质生活匮乏，但人际关系比较简单，贫富差别小，社会治安稳定。也有老年人怀念年轻时候的奋斗历程和光辉事迹，感到自豪和欣慰。

3）期盼尊重、需求关心与再工作的心理

人到了老年，身体状况逐渐下降，这是一种不可逆转的自然规律。体力衰退，生活能力下降，心理上、生理上都需要关怀和照顾。他们为社会奉献了自己的大半生，应当得到社会的尊重和多方面的关怀。

一些老年人退休后身体素质尚好，具有一定的专业技术和管理知识，又有几十年的工作经验，有主动发挥余热继续工作的要求。许多被返聘，在新的岗位上做出了突出的成就。老年人继续工作既有利于充实退休生活，同时也增加了个人经济收入，减轻子女赡养压力，体现了老有所为、老有所乐。

4）积极、安乐的心理状态

有些老同志思想豁达、宽容，终身坚持学习，与时俱进，生活上不过分依赖子女；政治上关心党和国家大事，大是大非面前态度鲜明；积极参与社会生活，组织观念强。个人心态平衡，觉得只要心情愉悦、身体健康，不值得过分计较操心。生活艰苦朴素，家庭和睦。这种健康的心理对健康长寿、颐养天年大有裨益。

（3）老年人家具设计原则

以上为老年人较易产生的各种心理状态，他们居家时间较长，在家中对于各类家具的使用相较于年轻人也更为频繁，所以家具是否舒适及适合老年人使用直接影响老人起居生活的安全和舒适。此外，考虑到部分老年人因为身体原因，通常需要一些特殊的设计来辅助他们完成如厕、做饭等日常生活动作，所以对于老年人的家具设计，应该既有家的温馨，又兼具功能性、实用性和安全性。旨在消除或减轻人类行为障碍的各种设计即无障碍设计也就应运而生，其原理的提出也是基于设计领域中对于"人"的因素的充分考虑。下面就从以下几个方面进行深入探讨。

1）尺度

老年人由于身体机能发生了变化，所以其身体的尺寸也和普通成年人有所不同，据日本统计资料显示，从30～90岁之间，男性身高平均降低2.25%，女性身高平均降低2.5%。因此在设计老年人家具时，应考虑到老年人的身体尺度问题。

如设计桌子时，桌子也是与人身体尺寸相关的一个很重要的家具，桌子的高度应考虑到轮椅乘坐者的尺寸，桌子底面净空高 H= 轮椅的座高（450mm）+ 扶手的高度（220mm）+ 空间余量（取25mm）=695mm，考虑到让轮椅更容易地进入桌面以下，所以 H 应大于 695mm，取 730 左右。如果是可拆卸的扶手，则须考虑大腿厚度（取男子第 95 百分位 =151mm），则净空高 H= 450（轮椅座高）+151（大腿厚度）+25（空间余量）+10（衣服修正量）=636mm。考虑到有的老人轮椅有坐垫和冬天衣服较厚，故应再加修正量30mm。所以扶手可拆卸轮椅乘坐者用桌子底面的净空高度取 666mm 左右。桌面的高度应基本和人的肘高相平或稍低，轮椅加坐垫高度为 480mm 左右，取男子第 95 百分位的肘高为 298mm。桌面的高度应取 780mm 左右。

除了常用的一些家具外，还有一些辅助设施的尺寸也与老年人的生活息息相关，在这些辅助设施上也需要设计师按照老年人的身体特点进行设计。这些包括坐便器、洗浴盆、洗脸池等尺寸，以及电源开关、插座、对讲电话、门把手的高度等。乘轮椅的老人上肢的高度活动范围为 350～1200mm。而一般老人使用舒适的高度范围为 750～950mm。因此，电源开关、插座、对讲电话、门把手等常需用手操作的设施高度应取 750～950mm 之间为宜。

2）简易化、便利化的操作

老年人感知能力下降，尤其是视力衰退，这就要求服务于他们的产品在使用和操作上要易于发现、理解和掌握。比如，厨房里有大量功能柜体，最好简单化操作，采用视觉上明显且可以省力的拉手，这样能最大限度地让老人无障碍地掌握并使用，反之，类似隐藏式拉手虽然能够做到美观和整体，但毕竟其功能的隐蔽性有可能会给老年人造成迷惑和困扰。此外，便利化还可以体现在家具的多功能上，特别是辅助老人完成多种行为的设计。如图 2-63，加入电机的可升降吊柜，就能辅助老人轻松取放较高位置的物品。

图 2-63　电动可升降吊柜轻松拉动横杆柜子即可下降

如图中步骤所示，打开柜门之后，手拉动操作杆，施以一定的力，整个吊柜里连带的层板设备，就会自动下降到合适的位置，柜子中有电动设备的辅助，置物架就会自动下降，让老年人避免了大角度地抬胳膊去用力抓取这样一个动作行为，在家的活动更为轻松。

3）安全性

老年人生理上感知能力的退化使得他们对外界的敏感度也有所下降，因此在日常生活中存在很大的安全隐患。为此，在为老年人设计家具时首先应该保证家具的安全性。在家具设计中边角采用圆角处理，防止老年人划伤或碰伤（图 2-64）。家具的材料应尽量避免采用玻璃或金属材质，颜色的设计也尽量不要过于花哨，以防止老人由于视觉感应能力下降引起错觉而造成一些事故。

家具的摆设不要阻挡室内的通行，尤其是某些家具的底部有向外伸出的部分，应绝对避免。厨房的各种物品应放置稳当，不要把常用的东西置于过高或过低的位置，以免造成砸伤或让老人下蹲。对体弱的老年人和残疾人床边上也应设置防护栏，以方便他们起床抓扶。室内的地板尤其是卫生间应采用防滑地板。应保证室内各空间的地面在同一水平面上，若有高低差应修建坡道进行处理。卫生间的浴盆、坐便器和洗脸台处应设置牢固的扶手，以防止老年人因下肢力量不够而摔倒或无法站立。在家中多处设置报警器等。卫生纸架应放置在坐便器邻近的侧面，以防老人过分倾斜身体。洗手间的门应为可以从外边开启的并带有观察窗，以防老人出现意外。

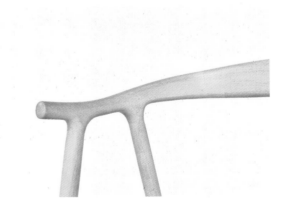

图 2-64　仗椅圆润的细节（设计者：赵云）

4）声光、色彩的人文关怀设计原则

这一原则考虑是老年人的听力、视觉方面与年轻人的不同。一方面，据医学研究，充满噪音的环境对人体感音细胞是有损害的，而感音细胞损害造成的听力下降是无法逆转的，对老年人来说就是会加速其听力的衰老。因此，老年人的家居空间应该尽量保证安静低噪音，卧室、客厅在设计时要注意隔音吸音，家具柜体、柜门也可以考虑部分采用吸音材料，为老年人营造宁静的生活空间。另一方面，老年人对弱光的识别力和相似色的分辨力都比较弱。因此家具的颜色设置不宜用太过于暗淡的深色，或太过于明亮的多彩色，这会加重老年人的视觉负担。在日常普通的家具

基础上，比如衣柜里设置暖光灯条的感应辅助照明，如图 2-65，帮助老年人更好地看清衣物，同时感应的功能可减少开关的动作，操作更直接简单。

5）人性化

这里所说的老年人家具的无障碍设计就是"以人为本"设计思想的一种体现，在具体的应用过程中，应结合老年人自身的特点和需要进行设计，处处体现对老年人的关怀，将这种"以人为本"的思想落到具体的每一个细节上，如在桌子的边缘设计小的突边，防止东西掉落。在各种家具的边缘处用颜色将其突出出来，以防止老年人因视力不好而判断错误。对卧床不起的老年人在

图 2-65　衣柜感应照明灯

床头安装可活动的搁板，使老人方便地吃饭、看书，不用时可以折叠并移走。对于乘轮椅的老年人，床的底部应留一定高度和深度的槽，使轮椅能更靠近床。在沙发和茶几的设计中，应结合老年人的特点在沙发侧面上加一个杂志袋，茶几可带抽屉，放眼镜盒之类的物品。在橱柜设计中，橱柜的门应该设计为推拉式、折叠式或者窗帘式，方便轮椅乘坐者接近和开启橱柜。可以将橱柜里面的架子设计为下拉型或抽屉型，以方便老人或乘轮椅者取放东西，既方便又省力。门把手、水龙头等形状应设计成压杆型或感应式，开关设计成宽体开关等。在设计的过程中，可以根据特殊老人的特殊需要，设计出更加符合其自身特点的一些家具，这些都需要设计师细心观察生活，在细节中关怀老人，也许很小的一点改变就会给老年人的生活带来很大的方便。

我国的无障碍设计研究工作才刚刚开始 20 余年，面对将来巨大的老龄化压力，如何能让老年人和体弱不便者共同享受社会进步所带来的成果，安度晚年，已经成为整个社会共同关注的问题。针对老年人的无障碍设计已经不仅仅在生理方面，还要在心理上的无障碍设计。

越来越多的老年人也拥有新潮的思想，并不想使用的产品有着过于明显的老年人标志。在设计时，也不应过于明显的区分。另外，无障碍的设计和实施，不是一些人的努力就可以实现的，它需要全社会共同去关注老年人群体，形成一种尊重他们、关爱他们、帮助他们的社会氛围，让他们真正生活在一个不分年龄、性别、能力，方便所有人的环境当中。

3. 设计实践

结合老年人的生理和心理特点，应用设计原则，设计老年人的家具产品。

2.3 家具设计的新趋势

2.3.1 设计课题1 1+1>2——现代家具的功能创新

课题要求： 使学生掌握家具创新设计方法，通过不同物品、不同功能、不同材料叠加进行设计研究。

案例解析： 对优秀案例进行分析。

重点： 优化设计。

随着经济的发展，新的生活方式和理念的不断涌现，部分传统家具已经不能满足当下消费者的需求，这要求更多地能融入现代人生活的家具被设计、生产出来。作为设计师，我们必须了解当下家具所处环境和发展现状，洞悉现代家具设计的趋势，才能根据消费者的需求设计出符合现代人生活习惯和消费观念的家具。

以下三个成功设计案例分别从功能、风格形式和材料三个角度对现代家具设计的趋势进行深入探索。

1. 设计案例——条凳桌

（1）设计背景和调研

这个课题首先确定了目标用户为工作不久的年轻人，如图2-66，在经过一定数量的实地调研之后，得出绝大部分的年轻人都居住在面积较小的小居室空间内。他们年龄大约在20～30岁之间，有些参加工作不久收入偏低，有些虽然有

图2-66 年轻人小居室调研照片

稳定的收入但是也没有经济实力购房，还有一些因为暂时没有稳定下来，无法在一个城市安定而暂时没有购房打算的年轻人。居住的户型有二室一厅、三室一厅的住宅，也有单身公寓。在这些小居室里，往往都会购置书桌用来学习或者电脑操作用。除了一个人的活动，年轻人平时还喜欢社交，时常会有朋友来家里，但是其余的可活动空间如果放置较小的折叠桌或者茶几很难满足几个朋友小聚时的空间需要，放置足够大的茶几的话，则会导致平时一个人的活动空间非常狭窄。所以非常需要一个可以满足这样几类活动的多功能家具。

（2）设计定位

基于以上的现实矛盾，再加上城市年轻人喜欢根据自己的喜好来改变家里的空间布置，以及容易接受多功能家具的特点，确定了可以在书桌、茶几和矮桌三种功能中灵活转换的多功能桌子的设计定位。

（3）概念草图

设计师周佳宇在设计过程中借鉴了一个非常传统的家具——条凳。在农村，条凳的使用是非常普遍而多样的，可以用来当餐椅，马凳（简单的木工活，如锯材料、开榫、销木头都可以在条凳上进行），搭临时床（两条条凳加一块门板，垫上被褥），农村晾晒干货，小孩子在条凳腿上绷上皮筋跳皮筋等。单条条凳是非常轻便的，也可以进行堆叠收纳。

设计师将多功能桌子的桌腿部分分成两个部件，每个部件都是单独的条凳，两条不同高度的条凳在贴合部位的水平方向形成卡住的结构，进行纵向堆叠后变成可以稳固站立的桌腿部位。这样当相对高的条凳和桌板结合时，可以作为一张茶几用来休闲娱乐使用；当相对矮的条凳和桌板结合时，可以变成一张矮桌，房间里来了较多朋友没有足够多椅子的时候可以简单围坐；把两个条凳堆叠后跟桌板结合时，又变成了一张普通的书桌。这既满足了年轻人在房间里一些主要活动的功能需要，同时又可以节省空间，使房间的空间得到了更灵活的运用（图2-67）。

（4）效果图

在概念草图和构思方案的基础上，逐渐敲定了桌子的造型和结构功能，并深入细化了桌板和条凳结合的结构（图2-68）。

图2-67 概念草图

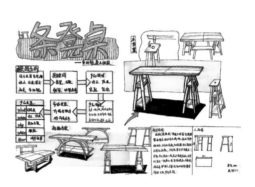

图2-68 手绘效果图

（5）使用情景图

1）从书桌转变成茶几

如图 2-69，展示了条凳桌从书桌的功能转化到茶几的过程。使用者只需要将桌腿上面部分的矮条凳取下来，就可以当作跟新茶几匹配的凳子来使用。

2）从茶几转变成矮桌

如图 2-70，展示了条凳桌从茶几的功能转化到矮桌的过程。使用者只需要将茶几的腿部从高的条凳换成矮的条凳，就可以变成矮桌，供几个人一起席地围坐。

图 2-69　使用情境图 1

图 2-70　使用情境图 2

（6）结构图

构成桌腿的矮条凳和高条凳的凳腿内外表面完全贴合，使上下两个条凳进行简单堆叠后形成一体，可以让条凳桌保持非常稳定牢固。

（7）尺寸图（图 2-71）

尺寸说明：1200mm×600mm×720mm

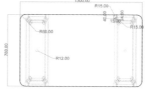

图 2-71　条凳桌的尺寸图

（8）模型制作

1）1：10比例模型制作

如图2-72，先用泡沫材料做出1：10的等比例模型，泡沫模型虽然有些粗糙，但是对于推敲关键性的结构以及确定造型的细节起到了很好的作用，也为之后做1：1比例的实物，提供了有效的参考和足够的信心。

2）1：1实物模型制作

如图2-73，实物模型采用了美国红橡木的原料，每个部件和榫位都需要精确加工，然后以榫接的方式用乳胶将各个部件黏合，用夹具将其牢牢固定成型，最后进行细致地打磨和上木蜡油，设计师通过大约3周时间的反复调整，最终完成了整个实物模型的制作。

图2-72　1：10比例模型

图2-73　1：1比例模型

（9）实物展示（图2-74）

图 2-74　实物图

2. 知识点

（1）家具功能的趋势

功能性是家具设计首先要考虑的事情。家具的功能设计取决于使用者的使用需求，又受到使用环境的影响，而我们的生活方式和环境一直随着社会的进步在发生着改变，所以在考虑家具的功能之前，我们首先需要对使用者的生活习惯、行为特征和使用的生活空间进行详细的调研与分析，才能让设计更加合理，做到与时俱进，也才能够判断家具功能的趋势。

伴随着城市化的高度发展，越来越多的人进入到城市中来，大城市的房价也是一路飙升，使得小户型住宅大受欢迎。很多买不起房子的人尤其是年轻人或一起合租，或选择单身公寓，居住面积非常紧凑。而传统家具因为占用空间大、功能单一、全套价格昂贵等因素，使得这些人群难以接受；相反，一些可折叠的、多功能组合的、扁平化的、模块化的家具因为其功能实用、灵活多变、易收纳、性价比高、时尚等因素，越来越受到小户型户主以及租客的喜爱。这必然是未来几年中家具功能在设计方面的一个重大趋势。

1）可折叠家具

折叠和生活、生产有着密切的关系，可折叠家具的历史悠久，人们为了节约空间、便于运输和携带方便，创造了很多可折叠家具。如在南北朝后期还没有高凳，当时使用木制的"胡床"、"交椅"，它们是由少数民族地区传来的，使人们坐具从地面上升到半高。由于少数民族过的是游牧生活，经常要迁移，所以它的器物必须都是便于携带的。

折叠家具发展到现在，各类折叠床、折叠桌、折椅、凳、沙发等都是很普遍了。如图2-75，AKKA设计的OLA折叠桌只有几块简单的部件，就做到了收放自如。"折"和"叠"含有不同的字义，但是两者常常有着一定关联，如图2-76所示的这把折叠椅，在折和叠的两个行为中都对椅子起到了收拢的作用。

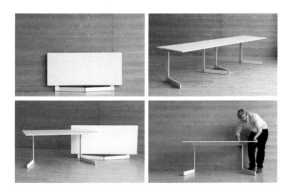

图 2-75 OLA 折叠桌（设计者：[瑞] AKKA）

图 2-76 FC-Folding Chair
（设计者：[法] Serge Atallah）

2）可折叠家具的设计原则

① 选择坚固合理的材料

由于折叠家具搬动、堆叠的次数较多，特别像折椅、折叠桌要求重量轻、强度高，以减轻搬动的困难和折叠时的损耗，尤其对连接件（如铰链）的要求很高，要根据具体功能选择合适的材料。

②既要考虑功能需要，也要考虑结构的合理性、安全性和使用者的良好体验。

折叠结构有很多种可能性，在完成同样功能的前提下，我们需要针对具体折叠功能和使用人群选择最合理的结构。如选择过于复杂、不安全的结构，导致折叠操作不便；装配、搬运过程麻烦；连接件易磨损、易坏；操作不当易发生危险等问题。因此折叠组合要根据实际需要少而精，不能一味追求太多功能，背离了折叠家具的设计初衷，给使用者带来诸多不便。

（2）多功能家具

多功能家具是在具备传统家具初始功能基础上，实现其他新功能的一种家具，包括组合式的和非组合式的。组合式的家具，是具有多个整体部件，可以根据自己的喜好和室内的空间要求来设计调整，打破了传统家具一成不变的状态，具备了自由、灵活、多变的特点，可以被再次创造的组合系统。平时可以通过堆叠占用空间小，需要时根据自己的意愿进行折叠、旋转、组合等方式重组，完成多种功能。非组合式的多功能家具，则是只有一个整体，但是也可以通过简单的折叠、旋转等方式达到多个功能的家具。

如图 2-77，是由来自于巴黎的设计师 Antoine Lesur 为 Oxyo 公司设计的一套组合式多功能家具。体积虽小，却融合了矮桌、托盘、凳子、脚蹬、座垫、靠垫等多个功能，非常适合年轻人使用。

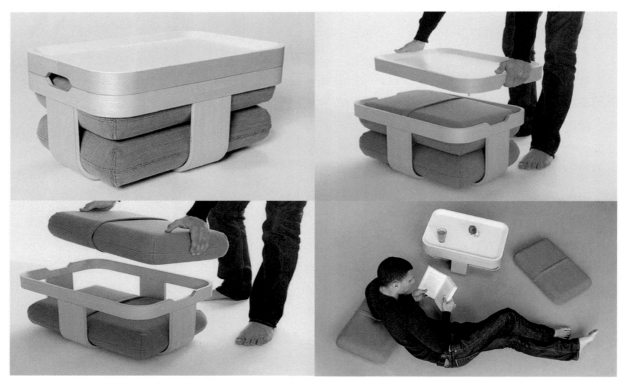

图 2-77　Mister T（设计者：[法] Antoine Lesur）

如图 2-78 的 SCALA ZERO 椅子则是一件非组合式的多功能家具，对于现在很少能找到梯子的家庭来说，偶尔需要取一下高处东西的时候，将椅子的一部分翻过来就可以变成一把梯子，既解决了这个偶然性的问题，节省了空间，又可以少买一件家具，减少一笔开支。

当然，我们生活中常见的多功能家具还有很多，主要有：床榻类、椅凳类、箱柜类、桌案类、框架类、门屏类，如表 2-4。

多功能家具的多功能属性，决定了其结构形式会比较复杂。为了实现多种功能的灵活转换，且易于拆装组合，设计师需要充分了解各种结构形式。我们常见的多功能家具结构包括叠加式、拆分式、伸缩式、折叠式、升降式、旋转式等，有些家具会通过同一种结构实现多种不同的功能，有些则用多个不同的结构来实现一种功能。除此之外，家具结构的设计还需要充分考虑到结构的强度、材料、加工工艺及结构的艺术美感。

图 2-78　SCALA ZERO 椅子
（设计者：Design Studio MAAM）

多功能家具种类表　　　　　　　　　　　表 2-4

种类	初始功能	新设功能举例	产品举例
床榻	坐卧	多媒体、推拉、按摩、变形	壁床、隐形床、折叠床
椅凳	坐靠	旋转、升降、折叠、移动	升降折叠茶几、升降折叠餐桌
箱柜	储存	自动开关、升降、消毒	防霉衣橱、升降柜、保险箱
桌案	支撑	旋转、升降、移动、变形	旋转餐桌、自动麻将桌
框架	悬挂	多层、升降、移动、遥控	遥控窗帘、自动百叶窗
门屏	隔挡	调温、隔音、自动开关	自动门、音乐墙、淋浴屏

（3）扁平化家具

"扁平化"是一种理念，从企业管理方式到平面设计手法，扁平化都成为一种趋势。在企业管理方式方面，扁平化管理简化了一层又一层复杂的层级结构，压缩了金字塔状的组织形式，加快了信息流的交换速率，提高了组织的决策效率。在平面设计方面尤其是交互设计领域，扁平化设计的核心是去掉冗余装饰，让信息本身作为核心被凸显出来，并且在元素上强调抽象、极简和符号化，减少了用户认知上的障碍，提高了信息访问的效率。因此，扁平化设计的思维是"主体至上"、"化繁为简"的设计思维，这与美国建筑大师密斯·凡德罗提出的"Less is more，少即是多"相类似。

图2-79 宜家自助式购物卖场

在家具设计领域，宜家是全球第一个提出"扁平"概念的家具厂商，强调功能，实用而不乏新颖，现代而不追赶时髦，注重以人为本。宜家的这种设计理念在很大程度上也引导了现代设计。把它的理念概括为三点来阐述，即资源配置的最优化、功能设计的最大化和绿色设计。

1）资源配置的最优化

宜家从设计开始，生产、包装、储藏、运输、销售、配送等一系列环节中，不必要的程序与环节被最大程度地剔除掉，注意产品设计生态链中的每一个细节处理，不断进行精简，在提升产品品质的同时，保证了有效资源的合理运用，达到资源配置的合理化和最优化（图2-79）。

图2-80 宜家组装家具

以它的扁平的板式包装为例，他们的名言是"我们不想花钱运空气"。宜家的家具多通过拼接组装式，在运输过程中将拆卸下来的部件通过堆叠摞在一起，包装成最小的体积，顾客买回去后再由顾客自己动手现场组装成型。平板包装意味着充分节省了运输空间，增大了装货量，减少了中间运输次数，降低了运输成本，同时省去了家具零件装配的最后环节，再一次降低了生产成本（图2-80）。

2）功能设计的最大化

扁平化设计崇尚一切设计都为功能服务，不同于过分表达设计、强调姿态的极简主义，而是通过简单、明确的形态设计，凭借直觉即可完成的功能设计，将产品功能最大化，达到产品的人文关怀。

如图2-81所示，设计师Mikael Axelsson设计的BURVIK边桌既可以用在床头边上，也可以用在客厅里，连接两根桌腿成倒"U"形的金属连杆很好地说明了一件事：可以把我带到任何地方！非常明确的产品语义，让使用者可以不用进行任何思考，就能明白它的使用方式。

3）绿色设计

扁平化是一种注重节约能源的绿色设计理念。我们仍然以宜家为例，它的家具产品造型设计非常注重实用，节约空间，在材料运用上最大限度地利用原材料，减少余料的浪费，甚至对包装都简化到最基本的状态。拉克边桌自1979年问世以来，因为易于组装和搬动，而且价格非常实惠，始终深受广大用户的喜爱。为了让各项成本降到最低，宜家对它的包装连纸箱都没用，仅仅是一层塑料膜，将绿色设计的理念贯彻到底。

（4）模块化家具

模块化家具指的是建立了一系列通用模块和专用模块的家具，借助一定的连接方式，使这些模块可以按照不同的空间需要和使用功能组合成不同的家具形式。与传统的家具相比，这些模块化家具侧重强调模块的概念和组合的优势，关键技术在于家具零部件、连接件、连接方式的选择与应用，选用适当的连接方式组装各类型的家具，实现家具的多样化。

图2-81　BURVIK边桌（设计者：Mikael Axelsson）

如图 2-82 是日本设计师 kyuhyung cho 和 hironori tsukue 联手设计的跨界模块化家具系统。这套叫作"oneness"的模块化家具系统，由两把椅子和一张茶几组成，椅子和桌子边上设计有插销孔，可以把它们堆叠组合起来成为置物架，也可以根据用户的需要进行无限延伸。

模块化家具的优势：

1）缩短产品的开发设计周期，降低了生产成本

在传统的设计模式下，几乎每个家具部件都需要进行特定的开发设计，包括后续一系列的加工生产环节，而运用模块化设计之后的家具，大部分零件属于通用零件，适用于各个部件，因此减少了家具部件设计开发的数量，缩短了开发设计的时间；同时，更多通用零件的批量生产，提高了劳动生产效率，也提高了企业的标准化程度，大大降低了生产的成本。

2）便于家具的维修

采用模块化划分设计，可以将易损坏的部分设计成单独的模块，这样便于更换和维修，也延长了产品使用的寿命。

3）满足消费者的个性化需求和选择

由于模块化家具由模块组合而成，具有很多通用化的接口，类似于组装电脑，在电脑主板上预留了很多通用化的接口（如 usb 接口、内存条接口等），就能按照用户自己的需要进行扩展和升级。模块化家具同样具备通用化接口的功能，可以让使用者按照个人的需要，进行调整和排列组合，满足了个性化需求和选择。

图 2-82 "oneness"的模块化家具系统（设计者：[日] kyuhyung cho 和 hironori tsukue）

随着人们生活越来越多元化，追求新鲜、追求个性化的生活方式，模块化家具作为一种能很好地迎合这种消费模式的家具，得到了前所未有的丰富和发展，成为一种新的家具消费时尚。消费者可以像搭积木一样自己组合家具，可以通过改变模块化构件，挑选喜欢的材质、色彩、表面装饰等组合成不同形式的家具。

在互联网信息时代下，随着人工智能被广泛应用到各个生产领域，家具智能化的发展已经成为一种必然的趋势。广义上来说，我们将高新技术通过系统集成融汇到家具设计的开发过程中去，实现对家具类型、材料、结构、工艺或功能的优化重构，使其代替由"人"操作的这类家具称为智能家具。按形式来分，分为智能办公家具、智能民用家具、智能公共家具；按功能特点来分，分为娱乐型、保健型、保质型、监管型、护理型、专家型。

长时间坐在办公桌前不起来走动，久而久之肥胖就会找上门，不但影响了身体健康，也会影响工作品质和身心健康。最近国外 Stir 公司就因此开发出了一台高科技 Kinetic 智能办公桌，如图 2-83，如果你坐久了，只要点击书桌左边的迷你触摸屏幕，办公桌下方的伸展设备就会启动，由原本坐立模式转换成站立的办公桌模式，让你站着也能轻松办公。它不只是单纯对你的身高进行感测，还能调整到最舒适的高度，并记载你一整年所花费的站立、坐立时间以及你消耗的卡路里等，甚至还能够依据使用者的习惯调整到最佳使用角度，像是台会思考的办公桌。

目前智能家具行业还处于一个初级阶段，当前大多数智能家具都面向高端用户，价格也比较昂贵，相信不远的将来，智能家具系统会成为一种潮流，有可能和智能建筑融为一体，像电影里的变形金刚一样，有超凡的变形能力，带给我们全新的生活方式。

3. 设计实践

基于对"年轻租客"这一群体的了解，进行功能家具设计。分别从实用性、多功能、经济性的角度出发，进行创意设计。

图 2-83　Kinetic 智能办公桌
（设计者：Stir 公司）

2.3.2　设计课题2 "Redesign"——传统家具的再设计

课题要求： 通过对传统家具的造型拆解，加入新设计构思，对其进行造型演变。

案例解析： 进行造型重新塑造与演变。

重点： 造型演变的方法。

1.　设计案例——文椅

（1）设计背景

文椅是家具设计师翟伟民设计的一个新中式家具系列中的其中一件作品。作为一名对新中式家具设计有很深的研究和独特见解的家具设计师，他希望能够改变目前新中式领域家具设计文化的堆砌现象，很好地延续中国传统明式家具的造物理念，用以人为本的设计理念，现代简洁的造型语言，设计出具有传统韵味的新中式家具。同时，他也希望这个椅子并不是昂贵的，能够被当下年轻人所接受，也能够在小户型的空间里得到很好的使用。

（2）概念草图

汲取了中国传统家具中的一些造型元素，同时也借鉴学习了巧妙的传统木制连接结构，对椅背的造型以及座面和椅腿的连接结构进行了推敲（图2-84）。

（3）效果图

设计师打破了传统家具的定式，采用了三足椅的设计，整体的造型也非常简洁，控制了成本的同时保留了传统家具的一些符号元素（图2-85）。

（4）三维效果图

与其他新中式家具搭配使用，给室内空间营造出一种质朴素雅的文化氛围（图2-86）。

（5）尺寸图

在设计文椅的时候，结合人机工程学尺寸数据，经过多次的试验之后，最终确定文椅尺寸为560mm×450mm×860mm（H）。巧妙的、符合人机尺寸的设计，使三足的文椅坐上去也很平稳（图2-87）。

图2-84　概念草图

图2-85　手绘效果图

（6）结构爆炸图

文椅在结构上采用了中国传统家具中常用的榫卯工艺（图 2-88）。

（7）模型制作

实物模型采用了橡木，用榫卯结构将各个部件组合而成。椅子本身非常纤细轻巧，易于搬运。在坐面部位的设计上，汲取了传统建筑里的斗栱原理，力学上给了椅子很好的支撑（图 2-89）。

图 2-86　三维效果图

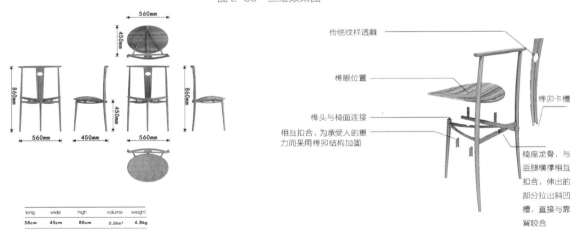

long	wide	high	volume	weight
56cm	45cm	86cm	0.26m³	4.8kg

图 2-87　尺寸图

图 2-88　结构爆炸图

图 2-89　模型制作过程

（8）实物展示

文椅的整体比例完全符合人体工程学方面舒适性的考虑，在造型的细节处注意线型的渐变和转换，方圆之间以及其他几何形的线型转变，通过精密计算，可以实现多层椅子叠加，即使在小户型空间中使用，也是可以应付自如（图2-90）。

2. 知识点

（1）家具风格形式的趋势

随着人们生活水平的不断提高，各式各样风格的家具不断涌入我们现代家庭生活中，日式、北欧风、美式田园风、欧式等，在纷繁多样的家具潮流中，什么样的家具会成为流行趋势？其实不同风格的家具都有其追捧的消费者。纵观历史，

家具设计的发展不外乎受两个因素的影响，一个因素体现在产品的物理层面，如材料、工艺技术、生产方式等；另一个体现在家具蕴含的深层价值，如社会性、文化性、民族性、地域特征、意识形态、生活方式等。

基于现代生产技术先进、全球化发展中西文化融合、人们生活节奏较快追求效率等现实条件，现代简约风格还仅仅停留在家具本身或者装饰上的超越，成为家具设计界普遍认同的设计风格。而另一种风格趋势——新中式，是中国高速发展之后，人们的民族自信心前所未有的提升，大众渴求本源文化的需求，把中国传统文化元素用现代语言来表达，使其适应现代生活方式，又符合当代审美的一种风格。

图2-90 实物图

（2）现代简约风格

现代简约风格家具的设计起源于 1919 年德国包豪斯学院倡导的现代主义设计的理念。然而将它发扬光大的却是意大利家具，已经成为现代家具的风向标。现代主义建筑大师 Mies Vander Rohe 的名言"less is more（少即是多）"高度概括了简约主义的中心思想。现代简约家具设计的元素、材料虽然比较单一，但对质感的要求很高，外形简洁，极力主张从功能观点出发，着重发挥形式美，强调室内空间形态的单一性和抽象性，突出简洁、实用、美观，兼具个性化。现代人处于一种快节奏、高频率、满负荷的环境之下，人们对精神的需求已逐渐地转变为心灵的释放、压力的舒解、人文的关怀。现代简约风格家具的简洁实用、易操作恰好满足了现代人追求快速、多变的使用需求，而家具打造的舒适、宽松、愉悦的环境也正好可以缓解客观存在的压力。基于这样互补的关系，现代简约风格成为一种家具主流风格，在各类家具展上数量也是最庞大的。

其中这几年在家装风格中比较火的现代日式和北欧风都是现代简约风格中的典范。

（3）现代日式风格家具

日式风格家具的特点：

1）材料上从里到外都采用最天然、朴实的材料，展示其天然之美，朴素中透出高雅风范，追求平和的意境。

2）具有清新自然、简洁淡雅的独特品位。在设计上，一般采用清晰的装饰线条，在其装饰线条上做了一些简化，增强了几何立体感，淡雅中富有禅意。

3）讲究整体平衡，没有明显的核心和焦点，整体上显得简洁素雅，所有材质与色彩都是协调一致的。这种平衡来自于日本民族谦逊低调的品质。

4）拥有丰富的收纳。如图 2-91，无印良品家具就是日式简约的典型范例了。

图 2-91　无印良品家具（设计者：muji）

（4）新中式

新中式家具是在中国传统美学规范之下，运用现代的材质及工艺，演绎传统中国文化精髓，同时又具有现代特征，符合现代人生活方式的功能性需求的家具。它包含了两方面的基本内容：一是中国传统家具的文化意义在当前时代背景下的演绎；二是对中国当下人的生活方式和文化情趣具有充分的理解。它是人们民族自信心高涨，对自身的本源文化具有强烈精神诉求的前提下，同时以全球化趋势的文化背景作为审美参照的家具。

新中式家具的特征及趋势：

1）以传统文化内涵为设计元素，造型上去除多余的传统符号和雕刻，将现代设计手法融入产品，既充分体现了一种东方特有的韵味，又更符合现代消费审美。

2）在舒适度上做出了更多考虑，无论沙发扶手、靠背、椅背、座板等，都融入了科学的人体工学设计，在追求神韵的同时不失实用性。

3）借鉴了现代家具的多样性等设计理念，在功能创新上也有所突破，对功能扩展方面的家具可调节性、使用的灵活性做了全面的提升。对现代人的生活需求和习惯研究下足了功夫，也受到了越来越多的年轻人的喜爱。如图2-92、图2-93，当下如梵几、璞素、多少（moreless）等这样国内原创的新中式家具品牌如雨后春笋般涌现，其中一些设计师工作室正在快速成长为设计师品牌，从一些家具展中的规模和品质可以看出原创新中式家具品牌已成气候，当代一部分高净值人群对家具的审美也正在发生着变化。"欧陆风情"逐渐式微，新中式被推崇，反映出中国传统文化自信的回归，东方美学得到复兴。因此，新中式家具设计可以说已经成为当代中国家具设计风格的趋势之一。

图2-92 梵几的家具（设计者：古奇高）

图2-93 璞素的家具（设计者：陈燕飞）

（5）北欧风格家具

北欧风格家具的特点：

1）同样大量采用自然材料，如桦木、山毛榉木、柚木等，这种对天然材料的偏爱，赋予了北欧家具设计强烈的亲和力。当然，北欧风格家具也采用钢管和合成材料等现代材料，在工艺上更趋于一种尽善尽美的状态。

2）直线与柔和曲线的结合勾勒出线条简洁的家具外观，线的运用，自然流畅，曲直结合，产生丰富的造型变化，也给北欧家具增添了一分人情味。

3）如图2-94，颜色上以浅淡、干净的色彩为主。和谐的色调搭配给人安全感和舒适感。

4）总体而言属于功能主义，将舒适和实用性放在首位。北欧风格家具较日式家具更注重用户体验，有更多人性化设计的考虑。

图2-94 北欧风格家具（设计者：Hans J. Wegner）

3. 设计实践

基于对"都市年轻女性"这一群体的了解，设计出符合她们居住环境的家具。主要从造型风格、生活方式等角度出发，进行创意设计。

2.3.3　设计课题 3 "融"——面向未来的材料探索

课题要求： 对材料性能的把握和对材料语言的理解和诠释。

案例解析： 材料创新应用。

重点： 拓展材料在家具设计中的全新应用。

1. 设计案例——苹果皮椅

（1）设计背景

意大利北部的博尔扎诺是苹果的盛产地，每年这里有大量的苹果被运送至果汁公司，榨汁后的苹果皮及残渣则被当成废物燃烧，这对当地空气造成了严重的污染。一家名为生活绿色（LIFE GREEN LIMITED）的意大利设计公司发现了一种拯救环境的好方法。该公司在研究时发现由于苹果皮表面有一层天然蜡能阻隔热和紫外线，因

此苹果皮是制作植物性皮具的最理想选择。因此，生活绿色公司的设计师将苹果皮带到了米兰分公司，如图2-95，使用创新的技术将废弃的苹果皮经过工业混合，压实，风干等一系列工艺后，最终变成一种类似真皮革的混合皮革材料。

苹果皮皮革跟普通皮革材料一样，具有很好的色泽、韧性和手感，还具有很高的透气性，不但材料本身绿色环保，还能解决废弃的苹果皮被烧毁导致的污染问题，创造了一种健康和永续的生活方式。

图 2-95　苹果皮皮革生产过程

（2）概念草图

最终确定了具有休闲功能、可以拆卸的结构和整体简约现代的造型风格，并推敲了椅面的造型和椅背的角度（图2-96）。

（3）效果图

确定了椅子圆润、具有包裹感的形态，给人亲切、温暖的感觉。椅身、椅背靠垫、椅面座垫、椅腿各个部件都可以实现单独加工组装，使产品方便了线上、线下多种方式销售（图2-97）。

（4）三维效果图

整体造型和连接结构都非常精简，虽然没有任何的多余装饰，但丝毫没有影响椅子的精致度（图2-98）。

（5）尺寸图

在设计椅子的时候，结合人机工程学尺寸数据。经过多次的试验之后，最终确定椅子尺寸为870mm×600mm×930mm（H）。合理的人机尺寸加上具有包裹感的造型，使使用者坐上去后

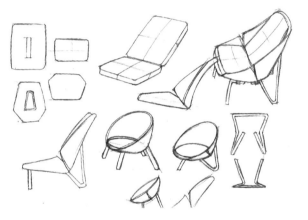

图2-96　概念草图

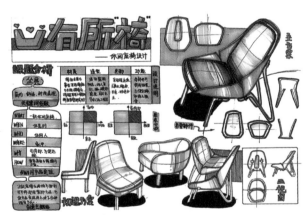

图2-97　效果图

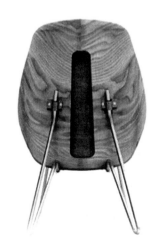

图2-98　三维效果图

感觉舒心安稳（图2-99）。

（6）结构爆炸图

使用者可以很方便地将椅子的各个部件组装成完整的一把椅子（图2-100）。

（7）实物展示

设计师用苹果皮作为椅面软垫的表皮，使椅子具有了很高的透气性，坐起来不闷。弯曲的不锈钢椅腿和实木椅面，三种天然材质的混合加上非常舒展柔美的造型，使这把休闲椅让人感觉非常亲切舒适（图2-101）。

2．知识点

材料是构成家具的物质基础，同时是家具艺术表达的承载者，其质感和色彩作为造型元素被人们所感知。家具材料的变化反映了一个时代的生产水平，也体现了一个时代的文化。随着当下社会的进步和发展，人们在材料选择上呈现多元化的诉求。如环保意识的提高决定了人们会更加青睐绿色环保材料；对自然的喜爱，轻松生活的追求，让人们开始对天然材料有了偏爱；技术的革新，带给我们更多新的材料，新的工艺，推动着家具设计的创新。

家具材料的趋势：

（1）绿色环保材料

随着人类环保意识的增强，环保型绿色材料逐渐成为家具制造的首选。所谓绿色环保家具材料包括两方面：一是材料在家具制造和使用过程中，能节省资源和能源，不产生、不排放污染环

图2-99　尺寸图　　　　　　　　　　　　　图2-100　结构爆炸图

图2-101　苹果皮椅的实物图

境、破坏生态、危害人类健康的有毒有害物质；二是家具使用之后其材料可回收（或循环）利用，或能快速分解并对环境保护和生态平衡具有一定的积极作用。

1）传统的家具生产的主要材料大多是采用实木，因为木材是一种生物材料，废弃后可以降解，对环境影响很小，是一种绿色环保材料，也因多种优点广受人们的喜爱，约占到家具市场的60%。但是，这也同时导致了人类对森林的过度开发。近年来人们对森林保护的意识有所提高，逐渐开始不再将实木作为首选材料，也会考虑一些人造材料，如人造板。随着科技的发展，制胶水平的大幅提高，现在的人造板也渐渐能达到我们绿色家具的标准。

另一方面，随着天然林资源的枯竭和国家天然林保护工程的实施，人工林木材也慢慢成为今后缓解木材市场供需矛盾的主要材料。人工林木材主要包括杉木、落叶松、杨木、桉树、竹子等，它具有生产速度快、产量高、采伐周期短等优点。

其中竹材凭借优良的物理性能，可以作为木材比较理想的替代材料。最近几年竹材在家具中的应用也越来越多，如家居原创品牌橙舍就是一家以竹子为材料，融合极简设计和东方元素，传达时尚、年轻感的一家品牌，通过线上的销售平

图 2-102 宜家 HILVER 希勒桌子（设计者：Chenyi Ke）

台，很受年轻人的喜欢；再例如宜家，竹子已经广泛应用于宜家家具中，如 RIMFORSA 雷弗萨工作台、HILVER 希勒桌面和桌腿、LILLASEN 利罗森书桌和 ALDERN 安顿操作台面。宜家家具所用的竹子全部产自中国，并且均于 2016 年秋季通过森林管理委员会认证（图 2-102、图 2-103）。

图 2-103 橙舍的榻榻米茶几（设计者：博乐设计团队）

2）家具材料的再循环利用

①纸质家具

纸质家具所用的材料是由木纤维经过化学处理后制成的一种坚硬结实的纸，具有防水效果。在纸质家具表面涂上保护漆后，还可以防霉、防蛀。日常保养得好，使用十年没有问题。此外，纸质家具的环保性能良好，可以回收再利用，在自然界中自然降解，对环境不产生任何污染。宜家已经专门成立了一个纸质家具研究团队，将纸质家具进行大批量生产。相信纸质家具将会在最近几年普遍进入我们的生活。

②金属家具

一般来说，金属家具产品主要原材料是钢和铝。这些材料的回收比较简单，主要通过化学熔铸，去除杂质，便可重新打造，进行二次使用。

③可降解塑料家具

塑料家具色彩美观、线条流畅、质轻、使用方便，应用非常广泛。用可降解塑料制造的家具具有可回收再利用和可自然降解的特点，从而对环境达到无害。因此可降解塑料的开发变得越来越迫切，它也成为一种热门的新型材料。

（2）天然材料

近几年各大国际家具展（科隆国际家具展、米兰国际家具展）和国内的家具展展出的家具中，大部分家具都用到了木材、玻璃、石材、金属等天然材料，人们对天然材料的需求似乎比以往任何时候都要高。这是为什么呢？越来越紧张忙碌的生活节奏，增强了人们对于朴素、宁静生活的追求。大自然是真实的，没有任何的矫揉造作，用天然材料精心设计的家具能让人感觉更加轻松。

如图 2-104、图 2-105，均是近几年国内知名家具品牌推出的新品，不难看出，像大理石、黄铜这样的天然材料已成为一种流行趋势。

图 2-104　木智工坊家具睡莲茶几
（2016 年 / 设计者：赵雷）

图 2-105　FRANK CHOU DESIGN STUDIO 和梵几
品牌合作产品（设计者：周宸宸）

（3）新材料

随着时代的发展和技术的不断进步，人们在研究、开发家具新材料方面已经取得了一定的成果。新材料的产生与应用，为现代家具的不断更新和家具生产的发展提供了坚实的基础。国外对于新材料的应用开始较早，自西方经历工业革命后，各种现代工业体系生产出的金属材料、塑料、曲木、板材等多种材料就广泛地应用于家具设计。而这些材料对于现在来说也已经成为家具常用的材料，伴随着工业技术的进步，不断地有更多的新材料被开发应用于现代家具的设计中，如玉米塑料、导光板、秸秆人造板、碳纤维等；又比如现在成为热点话题的3D打印。如图2-106所示，一名匈牙利工业设计师使用聚乙烯材料，通过3D打印技术打印出不同类型的板材家具连接件，让未来的家具可以不受任何限制地任意组合。虽然这些板材连接件小巧精致，但它却非常结实有力，完全能够连接由不同材料制成的各种各样更大的部件。无需胶水、螺丝和任何安装工具，只需将家具的零部件插入到连接件里面，即可完成组装，家具使用简捷方便、安全环保，拆卸过程也非常简单易行。

从一些前沿家具展，如2016米兰家具展中的一个主题为"新材料，新设计"卫星沙龙展中，我们可以发现新材料的家具制作，越来越趋向于多种材料相互搭配、多种技术综合利用，如金属材料、木质材料、陶瓷材料、复合材料等相互结合，既符合现代人生活功能的需要，形式也更加新颖。相比较传统的家具设计而言，新材料结合使用的家具设计必然会对传统家具的生产和设计带来一定的冲击，两种家具必将共同存在，且互相促进。

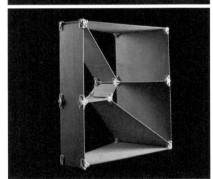

图 2-106 通过 3D 打印技术打印出连接件组成的书架（设计者：ollé gellért）

3. 设计实践

基于对某一种新材料的了解，设计出该新材料与其他材料结合的家具。主要从发挥材料特性、结构合理等角度出发，进行创意设计。

03

第 3 章　课程资源导航

113-128　　3.1　优秀作品展示

129-131　　3.2　优秀设计网站推荐

132-134　　3.3　优秀设计图书推荐

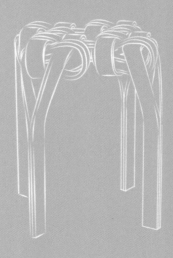

第 3 章　课程资源导航

3.1　优秀作品展示（图 3-1 ~ 图 3-32）

整体效果
Overall effect

产品细节
Product details

竹 韵
Bamboo Rhyme

设计说明
Design instructions

　　传统竹家具很美，但是随着工业化的不断发展，传统手工制作渐渐退出人们的生活。在现代的环境下，手工的速度已经满足不了大众的需求。现代人更需要的是快速、便捷。这种产品只能提供物质方面的需求，但是情感方面的，冰冷的机械化工业制品远不及手工所带给人的温暖。

　　按照马斯洛的需求层次理论，在经济水平不断发展的今天，人们从单纯的追求物质，到逐渐追求精神。所以从传统竹家具出发，将传统手工艺与工业化生产结合的这一手法，既满足了产品的快速生产，也为人们的情感需要留有余地。

　　Traditional bamboo furniture is beautiful, but with the development of industrialization, traditional handmade production gradually withdraws from people's life. In the modern environment, the speed of manual work has not met the needs of the general public, and modern people's need is faster and more convenient than before. This product can only provide material requirements.With emotional aspects, cold mechanized industrial products are not as good as the hand-made warmth.

　　According to Maslow's hierarchy of needs, With the development of economy, people gradually evolve from the pursuit of material levels to the pursuit of spiritual levels.Therefore, I start from traditional bamboo furniture, and combine traditional handicrafts with industrial production.It not only satisfies the rapid production of products, but also leaves room for people's emotional needs.

图 3-1
作品名称：竹韵
作者：李昊阳
指导老师：田海鹏、高扬
奖项：意大利
A'Design AWARD 银奖

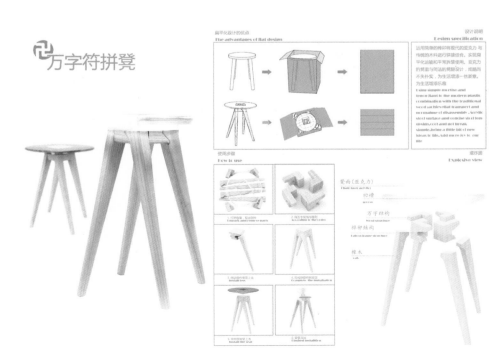

万字符拼凳

图 3-2
作品名称：万字符拼凳
作者：吴亮、易霞
指导老师：徐乐
奖项：浙江省第八届省工业设计竞赛一等奖

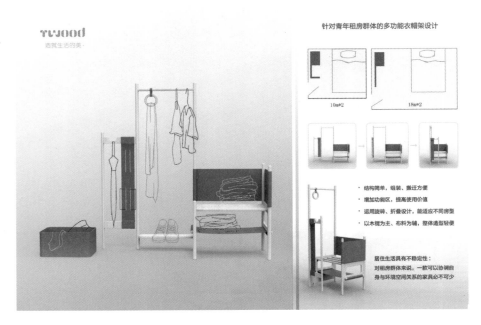

图 3-3
作品名称：twood
作者：顾倩
指导老师：戚玥尔
奖项：浙江省第八届省工业设计竞赛二等奖

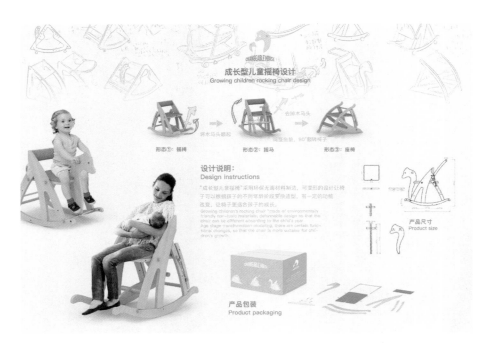

图 3-4
作品名称：成长型儿童摇椅
作者：陈涛、吴维鹏、李文豪
指导老师：戚玥尔
奖项：浙江省第九届省工业设计竞赛三等奖 / 绍兴工业设计大赛铜奖

GROWING CHAIR

设计说明 / Design Instrution

如今许多家长都在为昂贵的儿童家具的闲置而烦恼，放在家中十分占空间，而且想赠给别的家庭也不一定被接受。GROWING CHAIR 也能伴随着孩子的成长而成长，在孩子过了使用儿童餐桌椅的年龄，也能转换为一个置物架。这样它又有了新的用处，得到了成长。这样 GROWING CHAIR 能够以另外一种形式伴随着孩子成长。家长也不用再为儿童家具的闲置而担扰了。

使用步骤 / How To Use

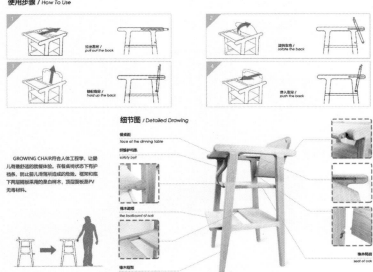

GROWING CHAIR符合人体工程学，让婴儿有最舒适的就餐体验。在餐桌椅状态下有护挡条，防止婴儿滑落所造成的危险。框架和底下两层隔板采用的是白桦木，顶层面板是PV无毒材料。

图 3-5、图 3-6
作品名称：儿童成长椅
作者：吴明杰、陆依雯、陈凌韬
指导老师：徐乐
奖项：浙江省第八届省工业设计
竞赛三等奖

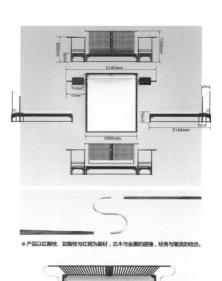

● 产品以红酸枝、亚酸枝与红铜为基材，古木与金属的碰撞，经典与潮流的结合。

● 床屏向前呈拥抱姿势，给人一种包裹感，利于人们产生安全感，促进入睡。

设计说明：

关键词（祥云/红铜与酸枝/包裹式/置物）

● 此款产品名为"梦·流云"，源于宋代霍安人作品《醉蓬莱》中的一句宋词"瑞气氤氲，祥云缭绕，玉炉频熟。"寓意祥和、福禄无穷。因而选取祥云作为床屏的线条元素，梦萦祥云，心想事成。

● 在结构功能上，延长床屏后，将床与床头柜结合为同一整体，延长的部分可用于挂置衣物、领带等配饰，此功能源于人们日常的习惯性动作——上床前脱下外衣置于床头，这种本能设计拉近产品与人之间的距离，让产品更人性化。

图 3-7、图 3-8
作品名称：梦·流云
——新中式床
作者：郑旗理
指导老师：余肖红、潘荣
奖项：第八届"红古轩杯"新中式家具设计大赛优秀奖

和·合
Harmony Chair

这款 和合摇椅 是一套为家庭设计的组合型摇椅，其组合方式旨在促进父母与孩子在成长中的交流。摇椅伴随着孩子的成长，也将见证父母的年老，和合之意取于摇椅的组合，寓意着孩子与父母的和睦关系。

[U型插件拆装方式]

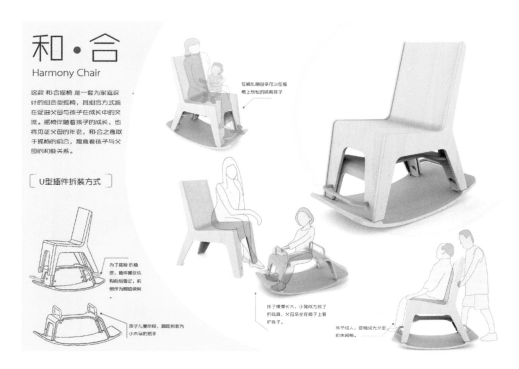

为了摇椅 折叠的角度，确保摇椅设有相应的锁固定，以便作为摇椅使用。

孩子儿童阶段，摇摆折装为小木马的把手。

在哺乳期间母亲可以在摇椅上放松的哺育孩子。

孩子慢慢长大，小凳成为孩子的玩具，父母亲坐在椅子上看护孩子。

孩子成人，摇椅成为父母的休闲椅。

图 3-9
作品名称：和·合
作者：曾焕华
指导老师：戚玥尔
奖项：浙江省第八届省工业设计竞赛三等奖

Redesign 森
重新定义绿色生活方式 Sen

再生材料

利用收集的废旧木材重新打造新的家具
延续了废旧材料本身的生命周期
减少废旧木材焚烧处理方式对环境的污染
提示人们循环再利用的生活方式

图 3-10
作品名：森
姓名：王欣
指导老师：戚玥尔
奖项：浙江省第八届工业设计竞赛三等奖

"DEER"——多功能衣帽架设计

细节说明

设计说明

该款衣帽架专门为年轻的租房一族所设计，所以进行了与全身镜和收纳盒的结合，可以节省更多的空间。采用了仿生"鹿角"的元素进行设计，增加生活的趣味性，同时可以挂更多的衣物。全身镜可以360°旋转，可根据提自己的喜好进行调整角度。收纳盒采用帆布的材质，衣帽架整体采用竹材质，帆布与竹的结合赋予产品一种温度，可以带给人一种文艺清新的感觉。

图 3-11
作品名称："DEER"
——多功能衣帽架设计
作者：鹿国伟
指导老师：王军、陈国东、
陈思宇
奖项：第二届龙泉市竹木产
品创新设计大赛铜奖

"又"字拼凳 扁平化家具设计 Flat Furniture Design

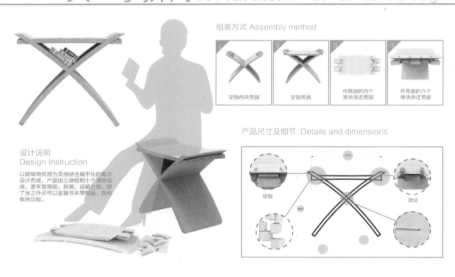

组装方式 Assembly method

穿插两块凳腿 | 穿插凳面 | 将凳腿的四个滑块滑进凳腿 | 将凳面的六个滑块滑进凳面

设计说明
Design Instruction

以蝴蝶椅弧面为灵感结合扁平化的理念设计而成。产品由三块板和十个滑块组成，更军套稳固，拆装、运输方便，除了坐之外还可以放置书本等物品，具有收纳功能。

产品尺寸及细节 Details and dimensions

穿插 | 滑块

图 3-12
作品名称："又"字拼凳
作者：李梦云
指导老师：徐乐

对影

屏风采用树的元素，三扇屏风的树枝结构各不相同，由疏到密分布，三面可以打开使用，也可以合在一起。从而形成层次丰富的树林造型，屏风在家居中本是起到装饰和隔断作用，但将屏风的厚度加大，同时又有了置物的作用，可以按照个人的爱好摆置自己喜欢的东西，并且不同的树枝分布引导了东西的摆放，使东西的摆放更有层次感和美观。

茶几采用湖面的元素，将树林倒映在湖面上，形成对影的效果，展现了静态的画面感。选用镜面不锈钢这种比较现代的材质，不仅使枝桠的倒影清晰，在柔美的意境中有了现代气息。

图 3-13
作品名称：对影
作者：张芯露
指导老师：李晓明

竹六方椅

- 解决了竹裂问题
- 最大程度利用竹材
- 标准化生产竹材
- 轻量化设计

图 3-14
作品名称：竹六方椅
作者：郭航
指导老师：高扬

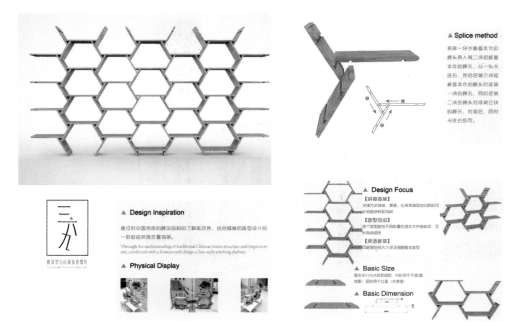

图 3-15
作品名称：三 · 六 · 九
作者：胡毅梅、季李静
指导老师：徐乐

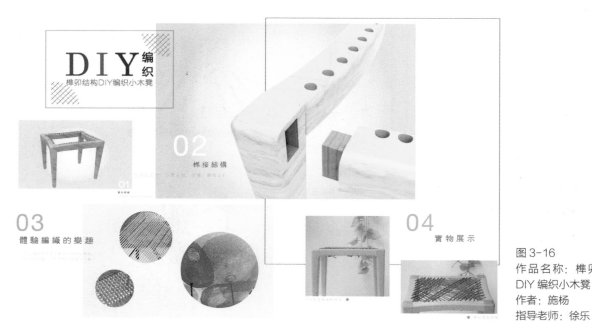

图 3-16
作品名称：榫卯结构
DIY 编织小木凳
作者：施杨
指导老师：徐乐

多功能儿童凳——果衣 GUO YI
Multifunctional Children's stool

Design Notes

This section of the stool is inspired by the baby's arms surrounded by the resulting sense of security. Stool with modular design. The upper part of the stool is covered with a piece of felt cloth to achieve a combination of hard and soft materials. The built-in zipper design makes it versatile. 90-degree backrest stool purpose is to train children's correct posture. Stool legs with mortise and tenon facilitate the assembly and disassembly; stool foot to make the child use the process more secure. This section stool named GUO (GUO YI);

此款凳子的灵感来源于婴童在怀抱中被包围产生的安全感。凳子用模块化设计。凳子上部采用毛毡布包裹木板，实现软硬材料的结合。内置拉链的设计使其能使用多元化。凳子靠背采用90度的目的在于培养孩子的正确坐姿。凳腿采用榫卯便于组装拆卸；凳脚脚套使孩子使用过程中更安全。

此款的凳子取名为果衣（GUO YI）；将"裹"拆解为"果"和"衣"，有孩子被包裹在怀抱中的意思。

HOW TO USE
使用过程

GUO YI "果" + "衣" → "裹"

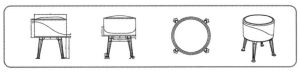

图 3-17、图 3-18
作品名称：多功能儿
童凳——果衣
作者：沈丹凤
指导老师：徐乐

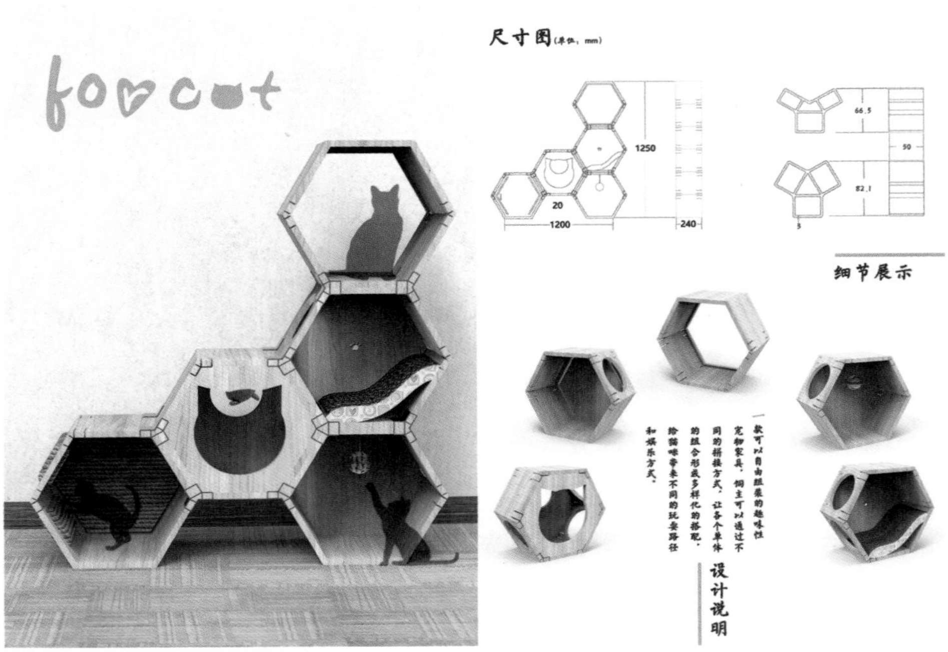

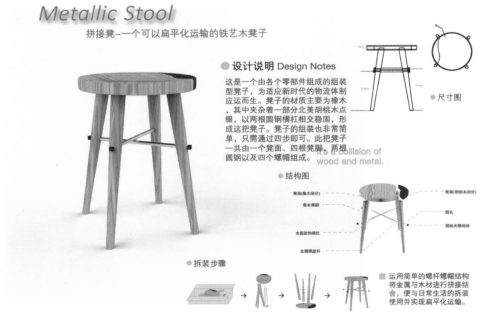

for cat
尺寸图(单位：mm)
细节展示
设计说明
一款可以自由组装的趣味性宠物家具，饲主可以通过不同的拼接方式，让各个单体的组合形成多样化的搭配，给猫咪带来不同的玩耍路径和娱乐方式。

图 3-19
作品名称：for cat
作者：陈洁
指导老师：戚玥尔

Metallic Stool
拼接凳–一个可以扁平化运输的铁艺木凳子
设计说明 Design Notes
这是一个由各个零部件组成的组装型凳子，为适应新时代的物流体制应运而生。凳子的材质主要为橡木，其中夹杂着一部分北美胡桃木点缀，以两根圆钢横杠相交稳固，形成这把凳子。凳子的组装也非常简单，只需通过四步即可。此把凳子一共由一个凳面、四根凳脚、两根圆钢以及四个螺帽组成。
It's a collision of wood and metal.
尺寸图
结构图
凳面(橡木部分)
橡木凳脚
金属圆钢横杠
金属螺丝杆
凳面(胡桃木部分)
圆孔
胡桃木螺母块
拆装步骤
运用简单的螺杆螺帽结构将金属与木材进行拼接结合，便与日常生活的拆装使用并实现扁平化运输。

图 3-20
作品名称：Metallic Stool
作者：黄文沁
指导老师：徐乐

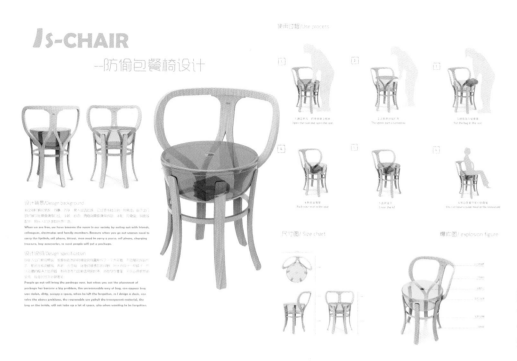

图 3-21
作品名称：IS-CHAIR
作者：易霞
指导老师：徐乐

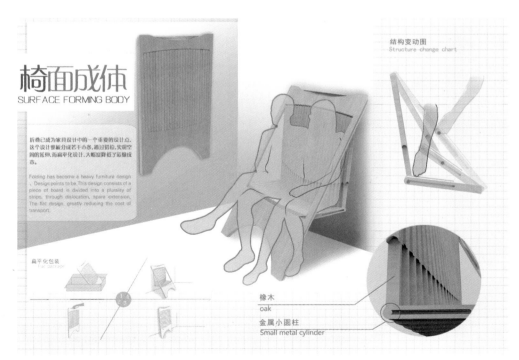

图 3-22
作品名称：椅面成体
作者：叶琪、章燊妮
指导老师：徐乐

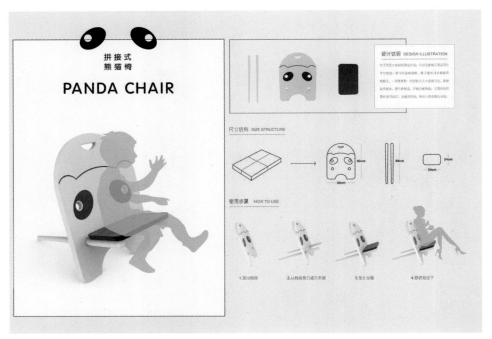

图 3-23
作品名称：熊猫椅
作者：余蕊君、戴诗瑜
指导老师：徐乐

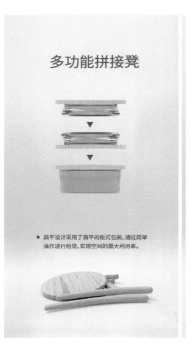

图 3-24
作品名称：多功能拼接凳
作者：郑温慈、杨琳
指导老师：徐乐

儿童乐摇两用拼接凳
Multifunctional stool for childern

功能转换/ Function Transformation

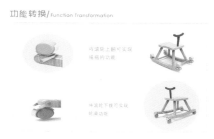

设计说明/ Design Specification

产品本身采用天然黑胡桃木和榉木的结合增加了产品的整体品质经久耐用；运用简单的榫卯将现代的塑料金属与木材拼接结合；实现扁平化运输和平常拆装使用；滚轮上下翻转实现不同功能的转换在人机最舒适的前提下为儿童增加更多的乐趣。

拼接组装/ Splicing assembly

图 3-25
作品名称：儿童乐摇
两用拼接凳
作者：张佳瑞
指导老师：徐乐

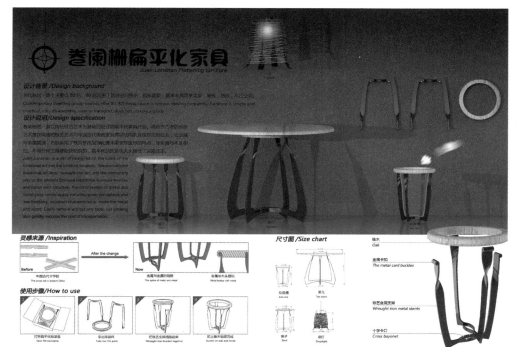

图 3-26
作品名称：卷阑栅扁
平化家具
作者：陆依雯
指导老师：徐乐

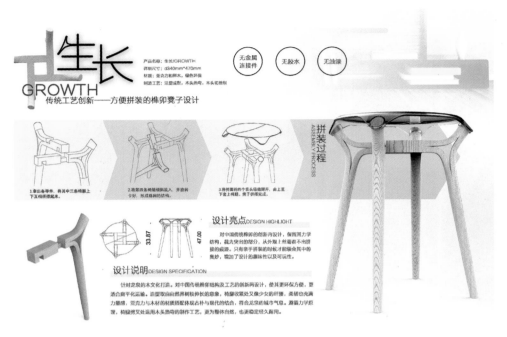

图 3-27
作品名称：生长
作者：张馨儿
指导老师：徐乐

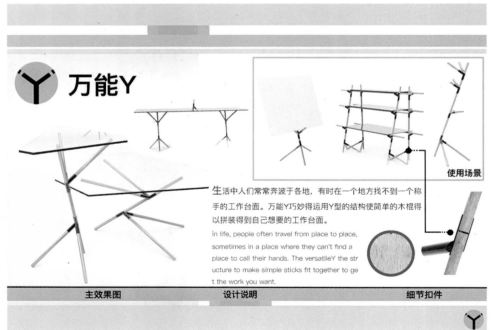

图 3-28
作品名称：万能 Y
作者：翁苏赞、林志华、陈语涛
指导老师：徐乐

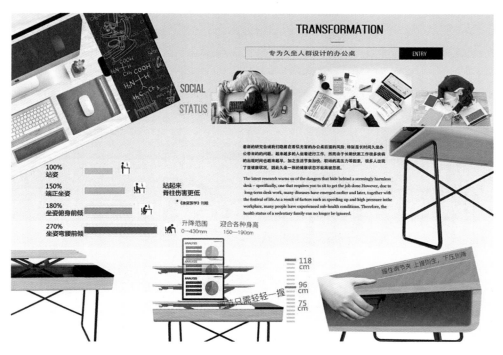

图 3-29
作品名称：
TRANSFORMATION
作者：陈剑斌
指导老师：戚玥尔

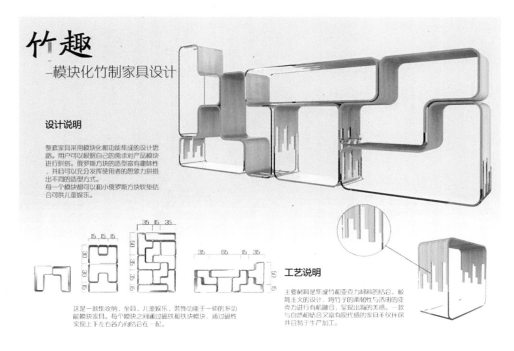

图 3-30
作品名称：竹趣
作者：陈剑斌
指导老师：戚玥尔

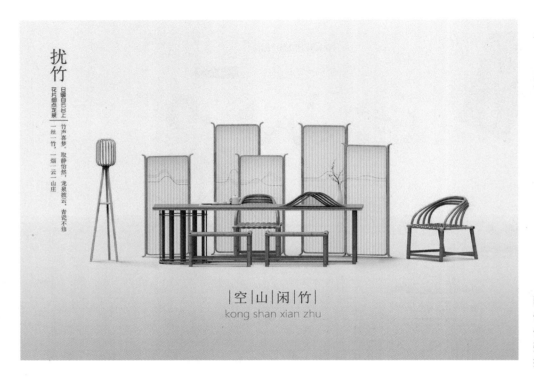

扰竹

日暮白云上，竹声喜梦，取静怡然，龙泉披云，青瓷不修

花片细点龙景

一丝一竹，一烟二云一山庄

空|山|闲|竹

kong shan xian zhu

图 3-31
作品名称：扰竹
作者：叶琪、陈欣、张顺超
指导老师：徐乐

三元
蜂韵
——置物架

利用竹板材特有的韧性

弯曲成型、开槽、打磨

蜂窝造型最大化利用空间

三元合一体现传统"合文化"

此产品的模块化拼插设计

让你的置物架更加灵活

加入三圆相交的"合元素"

模块插接后带来别样惊喜

图 3-32
作品名称：三元蜂韵
作者：叶琪
指导老师：徐乐

3.2 优秀设计网站推荐

设计邦【 www.designboom.com 】

设计邦是一个拥有 17 多年历史的意大利工业设计网站，自从 1999 年起便成为艺术设计领域的大本营，独立报道一系列设计、建筑、艺术、摄影及平面设计方面的先锋作品。

设计牛奶【 design-milk.com 】

设计牛奶是在线设计杂志类网站，内容更新频繁、质量高，大多以工业设计、室内设计、建筑设计为主，偶有一些科技及时尚类内容。

IF 设计奖【 ifworlddesignguide.com 】

德国 IF 国际设计论坛每年评选 iF 设计奖，该网站为官方网站，网页上有很多作品展示。

果壳网【 www.guokr.com 】

果壳网是开放、多元的泛科技兴趣社区，并提供负责任、有智趣的科技主题内容。

Dezeen 建筑与设计杂志【 www.dezeen.com 】

Dezeen 创建于 2006 年，是当下最为流行的建筑、工业设计网站之一，Dezeen 的使命是把世界各地最好的建筑设计、工业设计和室内设计项目以最快的速度带到你面前。Dezeen 的文章风格自由、饱满，尤其是高质量图片被读者们津津乐道。

中国艺术设计联盟【 www.arting365.com 】

中国艺术设计联盟网是一个服务于中国乃至全球设计领域的创意门户网站，致力于为中国及全球的设计者、设计院校与设计企业提供高质量、多元化的信息交流咨询。

Mocoloco 室内建筑设计网【 mocoloco.com 】

Mocoloco 是一个以提供设计和艺术资讯信息及视觉图片为特色的站点，主要介绍室内装饰装修作品展示，收录欧洲优秀的家庭室内装修效果。

第3章 课程资源导航

129

NOTCOT.ORG 官网【www.notcot.org】

NOTCOT.ORG 是一个由设计网站组成的不断发展的网络，是一个集视觉效果、美学为一体的网站。

Coroflot 社区型网站【www.coroflot.com】

Coroflot 是美国最大最成熟的专注于创意行业投资的社区型网站，里面的设计师涵盖了艺术设计各方面的人士，甚至包括了专业软件技术方面 3D 建模和渲染的设计师在上面发布自己的作品。

奇趣发现【www.qiqufaxian.cn】

奇趣发现以译介的方式传播地球上的设计、趣闻、科技以及地球以外的新鲜资讯。

德国红点创意奖【en.red-dot.org】

红点奖（Red Dot Award）是源自于德国的一个工业设计大奖，是世界上知名设计竞赛中最大最有影响的竞赛之一，每年都会举办设计创新大赛。

Yanko Design【www.yankodesign.com】

Yanko Design 是世界最流行最有影响力的在线工业设计杂志，涵盖了工业设计的各个方面，有很多前卫的概念产品设计。

Woohome【www.woohome.com】

Woohome 展示了各个家庭日常旧物改造和 DIY 手工制作。

Contemporist【www.contemporist.com】

Contemporist 崇尚当代文化，网站以报道建筑设计、室内设计、工业设计、艺术等内容为主，更新频率很高，内容介绍简略，善于发布总结性文章。

Core77【www.core77.com】

Core77 是美国一个专注于介绍全球工业设计行业信息的网站，比较权威。上面发表的文章包括了工业设计作品、工业设计论文、工业设计最新动向等内容。

THISISPAPER【thisispaper.com】

THISISPAPER 集纸媒杂志、自创商品和电子商务于一体的综合生活概念品牌。

蒂娜罗思创意设计博客【www.swiss-miss.com】

SwissMiss 是一个名叫蒂娜的瑞士设计师创办的个人博客网站，不定期地发布自己的创意设计作品，喜欢创意设计的读者可以多关注这个博客，会收获很多奇思妙想的创意理念。

Behance【www.behance.net】

Behance 是 2006 年创立的著名设计社区，创意设计人士可以在上面展示自己的作品，发现别人分享的创意作品，用户之间还可以进行互动。

iTSniceThat【www.itsnicethat.com】

iTSniceThat 创意设计艺术社区是一个倡导创意融合艺术设计的世界，每天更新来自世界各地的创意作品，深度发掘和发现最有趣的创意项目。

It's Nice That

设计启示录【www.designspiration.net】

设计启示录图片分享平台帮助用户发现和分享世界上最伟大的设计资源，采用瀑布流的方式来展示，每天都会更新设计资源，收集的内容有建筑、插花、平面设计、创意组合等图片资源。

Designspiration

3.3 优秀设计图书推荐

书名:《明式家具珍赏》

作者: 王世襄

出版社: 文物出版社

简介: 本书是一本研究明代中国传统家具的书。以实物彩色图版为主,全部彩图连细部特写共 332 幅,附家具实测图 42 幅。在图版解说中,配合 186 幅黑白图,对所载各件明式家具作了细致的描述和精辟的品评。

书名:《A Taxonomy of Office Chairs》

作者: Jonathan Olivares

出版社: Phaidon

简介: "办公椅分类法"以许多著名设计师的椅子为例,提供了现代办公椅整体演变的视觉概述。

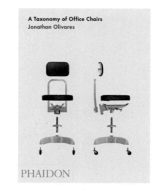

书名:《20 世纪的设计》

作者: [英] 乔纳森·M. 伍德姆

出版社: 上海人民出版社

简介: 作者重新审视了欧陆、斯堪的纳维亚、北美和远东的众多设计与工业文化问题,深入探讨了民族认同,意识形态与商业方法的"美国化",跨国公司的兴起,波普与后现代主义,以及关于怀旧和遗产的当代观念。这部设计史清晰地阐明了设计的本质:一种关于审美、社会、经济、政治和技术力量的强力且复杂的表达。

书名:《情境交互设计:为生活而设计》

作者: [美]凯伦·霍尔兹布拉特(Karen Holtzblatt)、[美]休·拜尔(Hugh Beyer)

出版社:清华大学出版社

简介:本书介绍了情境化设计领域的最新实践成果,整合了过去20年的经验教训,结合新的数据收集方法,分析、构思和设计,帮助团队更有效地为生活而设计。

书名:《1000 Chairs》

作者: Charlotte & Peter Fiell

出版社: Taschen

简介:这本书中每把椅子都为一页,以纯粹的形式展示,附有关于椅子及其设计师的传记和历史信息。

书名:《深泽直人》

作者:深泽直人

出版社:浙江人民出版社

简介:深泽直人本人亲自整理从未发表过的设计手稿,第一次360度全面介绍其作品、灵感来源、设计过程。

书名：《瑞士室内与家具设计百年》

作者：[瑞士] 阿瑟·鲁格

出版社：中国建筑工业出版社

简介：本书内容全面而精准，写作风格平实而有力，图片实例丰富而精美，是第一本能够代表 20 世纪瑞士家居文化的全面深入观点的著作。

书名：《设计师的设计材料书》

作者：[英] 克里斯·莱夫特瑞

出版社：电子工业出版社

简介：本书主要面向利用实物材料进行设计，或者对这些材料感兴趣的人，书中内容并不对材料做科学和历史性分析，而是致力于帮助大家认识、了解这些材料的发展现状。

书名：《材料与设计》

作者：[法] 阿格尼丝·赞伯尼

出版社：中国轻工业出版社

简介：本书结合设计创意过程、工艺特点、社会人文导向的多种设计实现的因素和环境，介绍设计中常用的几十种材料的简史、特点和加工技术，新兴材料的应用潜力与设计创意，还有一些材料品类在可持续设计、绿色设计领域的积极作为。

参考文献

[1] 王晓瑜. 可成长性的儿童家具设计研究 [J]. 包装工程，2014，（4）：50.

[2] 廖霞. 趣味性和益智性儿童家具设计研究 [J]. 包装工程，2014，（9）：55-56.

[3] 胡瑞玲. 儿童家具形态仿生设计之形与意研究 [D]. 昆明：昆明理工大学，2013.

[4] 宫紫钰. 基于儿童审美能力培养的小学校园空间环境设计研究 [D]. 邯郸：河北工程大学，2014.

[5] 秦旗. 儿童家具的延展性设计研究 [J]. 包装工程，2013，（9）：19.

[6] 邵亚丽，张南南，钟春艳，等. 多功能儿童纸质家具的制作 [J]. 家具，2015，（3）：58-60.

[7] 刘宗明，刘文金. 遗传与变异：儿童家具可成长式设计理论及其应用 [J]. 艺术百家，2014，（3）：267.

[8] 曲惠泽. 老年人家具设计 [J]. 林业机械与木工设备，2016，44（12）：26-28.

[9] 张根磊. 居家型老年人康复性养老家具场所精神诉求研究 [J]. 设计艺术（山东工艺美术学院学报），2017（02）：82-85.

[10] 钟振亚，申黎明，张绍明. 老年人行为特征与家具设计 [J]. 家具与室内装饰，2016（05）：42-45.

[11] 钟振亚，张继娟，申黎明. 基于老年人生理特征的家具设计原则 [J]. 湖南包装，2016，31（02）：59-61，78.

[12] 张若熙. 我国老年心理及老年人一般心理特征初探 [J]. 安徽文学（下半月），2017（04）：105-106.

[13] 王世襄. 明式家具研究 [M]. 北京：生活·读书·新知三联书店，2008（8）.

[14] 胡名芙. 世界经典家具设计 [M]. 湖南大学出版社，2010.

[15] （美）克里斯托弗·纳塔莱. 美国设计大师经典教程：家具设计与构造图解 [M]. 北京：中国青年出版社，2017.

[16] ArtPower. Furniture Design Now（图解当代家具）[M]. ArtPower, 2016(3).

[17] （英）Eileen Gray, Carmen Espegel. Eileen Gray：Objects and Furniture Design[M]. Ediciones Poligrafa, 2013(3).

[18] （英）Stuart Lawson. Furniture Design: An Introduction to Development, Materials and Manufacturing[M]. Laurence King Publishing, 2013(9).

[19] （日）奥博斯科. 配色设计原理 [M]. 中国青年出版社，2009（12）.

[20] （日）原研哉. 设计中的设计 [M]. 山东人民出版社，2006（11）.